高等院校艺术设计类专业
案例式规划教材

环境雕塑设计

■ 主　编　刘同平　郑　重
■ 副主编　魏欣超　曾丽娟　白　颖

U0362998

ART DESIGN

华中科技大学出版社
http://www.hustp.com
中国·武汉

内容提要

　　本书挑选了大量精美的图片,以完整、清晰的叙述方式呈现出环境雕塑设计涵盖的各个领域。全书包括环境雕塑设计概述、环境雕塑的内涵、环境雕塑的发展历史、环境雕塑设计的要求、环境雕塑的构成要素、环境雕塑设计实践等内容。为了增强趣味性和可读性,本书辅以小贴士,以提升学生的兴趣。本书总结了环境雕塑设计的基本流程,并在每章添加案例分析使学生的知识得到巩固。本书可作为环境艺术设计专业基础课程的教学用书,对设计人员、艺术爱好者等也有参考价值。

图书在版编目 (CIP) 数据

环境雕塑设计 / 刘同平,郑重主编 .—武汉 : 华中科技大学出版社 , 2018.5

高等院校艺术设计类专业案例式规划教材

ISBN 978-7-5680-2960-5

Ⅰ. ①环… Ⅱ. ①刘… ②郑… Ⅲ. ①城市环境－雕塑－景观设计－高等学校－教材 Ⅳ. ① TU-852

中国版本图书馆CIP数据核字(2017)第127290号

环境雕塑设计
Huanjing Diaosu Sheji

刘同平　郑重　主编

策划编辑： 金　紫

责任编辑： 陈　骏　梁　任

封面设计： 原色设计

责任校对： 李　琴

责任监印： 朱　玢

出版发行： 华中科技大学出版社（中国·武汉）　　电话：（027）81321913
　　　　　　武汉市东湖新技术开发区华工科技园　　邮编： 430223

录　　排： 华中科技大学惠友文印中心

印　　刷： 湖北新华印务有限公司

开　　本： 880mm×1194mm　1/16

印　　张： 10.5

字　　数： 235 千字

版　　次： 2018 年 5 月第 1 版第 1 次印刷

定　　价： 69.80 元

前言
Preface

环境雕塑，尤其是城市中的公共雕塑，在现代社会中已经成为生活和文化的重要组成部分。一方面，环境雕塑既可以美化环境，也与周围的空间以及人文、建筑等发生着微妙的联系并形成视觉呼应，发挥其他艺术形式无法实现的功能；另一方面，环境雕塑的题材涉及历史、人文、民族、宗教等诸多方面，可以说，城市中的公共雕塑具备装点城市生活、反映时代精神以及陶冶情操等多重功能。那些具有纪念意义的环境雕塑更在潜移默化之中起到艺术教育的社会作用，不仅陶冶了人们的情操，更丰富了公共的艺术视野。

自古以来，雕塑作品和其陈列的空间就有一种"剪不断，理还乱"的微妙关系。雕塑作品始终离不开它所陈列的环境。同一件作品在不同的环境映衬下会得到不同的视觉感受。很多非常优秀的作品，因为与背景环境发生矛盾，会产生视觉上的不协调，其艺术效果在视觉上要大打折扣。而一件相对平淡的作品，因为符合环境就可能收到事半功倍的效果。在环境中设置雕塑必须有适于雕塑存在的空间，如果雕塑的周围是杂乱无章的环境，或不能与相互呼应的空间环境形成协调的统一关系，雕塑就失去了存在的意义。

公共环境雕塑因其巨大的体量感和时间的恒久性，往往容易成为时代的缩影或历史进程中城市发展的轨迹象征。公共环境雕塑不仅具有重要的社会作用，在文化艺术领域中，它同样是时代赋予艺术家抒发内心情感和承担社会责任的重要形式，也正是在这种社会与人文的双重轨道中，公共环境雕塑向世人证明着其自身的独特魅力和历史使命。

在多元化构成的现代空间环境中，人们对不同的公共空间环境中的雕塑有不同的要求，更多的是要求形式的多样性。由于现代科技的发展，各种新型材料不断涌现，这为雕塑创作提供了丰富多彩的材料资源。随着社会现代化进程的演进，人类居住的环境正在发生质与量的变化。人类日益重视被自己忽略、破坏的生态环境，谋求人与自然和谐统一的共存共生关系。环境雕塑作为多种艺术环境形式的综合反映，应延续中国传统美学的自然与和谐，使雕塑与环境从艺术上展现一种融于自然的状态。

本书由刘同平、郑重担任主编，魏欣超、曾丽娟、白颖担任副主编。同时，本书在编写过程中得到以下人员的支持：袁倩、胡江涵、雷叶舟、李昊燊、李星雨、廖志恒、刘婕、彭曙生、王文浩、王煜、肖冰、袁徐海、张礼宏、张秦毓、钟羽晴、朱梦雪、祝丹、邹静、柯玲玲、张欣、汤留泉、赵梦、刘雯、郑天天，在此表示感谢。

编　者
2018 年 4 月

目录
Contents

第一章　环境雕塑设计概述 /1

第一节　环境的概念 /2

第二节　环境的认知 /5

第三节　雕塑的美学理念 /7

第四节　案例分析 /18

第二章　环境雕塑的内涵 /25

第一节　环境雕塑的特征 /26

第二节　环境雕塑的类型 /29

第三节　环境雕塑的作用 /37

第四节　案例分析 /39

第三章　环境雕塑的发展历史 /45

第一节　中国雕塑发展史 /46

第二节　西方雕塑发展史 /69

第三节　环境雕塑的未来趋势 /84

第四节　案例分析 /85

第四章　环境雕塑设计的要求 /91

第一节　环境雕塑设计的基本要求 /92

第二节　环境雕塑设计的多维要求 /94

第三节　案例分析 /99

第五章　环境雕塑的构成要素 /105

第一节　形状 /106

第二节　色彩 /111

第三节　材料 /114

第四节　尺度 /119

第五节　空间 /121

第六节　案例分析 /123

第六章　环境雕塑设计实践 /129

第一节　雕塑设计工具及方法 /130

第二节　考察准备阶段 /150

第三节　构思讨论阶段 /154

第四节　多种方案表现阶段 /156

第五节　放大制作和维护阶段 /158

第六节　案例分析 /158

参考文献 /162

第一章

环境雕塑设计概述

学习难度：★★☆☆☆

重点概念：环境、环境场、美学理念

章节导读

　　雕塑存在于具体的空间位置之中，环境雕塑更是强调雕塑与环境的关系。当雕塑置于某一空间环境时，它就不再是单独的个体存在，而必须同周围的环境发生关系。环境雕塑运用新的科学技术、新兴材料以及新的技术手段，通过与环境发生联系，丰富人们的体验和感悟。雕塑表现出人类社会生活的各方面，依靠立体空间与时间维度的交叉变化，营造出一种激发人们生活情感和思想的艺术氛围。环境雕塑的这一复杂功能，已不仅仅停留在美化环境的单一层面，而是进一步地启迪人的心灵。它将艺术的人文体验与生活的深刻内涵通过雕塑完完全全地展现于世人面前。如果说，物理的空间环境要素在雕塑的体量、材质、设计思想以及精神内涵等方面影响着雕塑的创作，那么，环境雕塑与周围空间以及人文环境发生联系和呼应，则是其作为雕塑艺术向环境发出的追问。这也是环境雕塑发挥主观能动性的重点所在，正是这种主观能动性使环境雕塑在融合空间环境之后产生了另一种新的形式，增强了艺术与生活的内在联系（图1-1）。

2

图 1-1　动物雕塑

第一节

环境的概念

环境是相对于某个主体而言的，主体不同，环境的大小、内容等也就不同。

环境是指人类周围所有的事物，可以理解为围绕在人周围的空间中，可以影响人的生活和发展的各种自然因素、社会因素的总体。环境设计中的环境是指围绕在设计主体周围并与设计主体产生关系的自然环境、人文环境。

自然环境是环绕着生物的空间中可以直接或间接影响到生物生存和生产的一切自然形成的物质、能量的总体（图1-2）。构成自然环境的物质种类很多，例如树木、地貌、风力。人文环境是指由人为设置边界围合而成的空间环境，包括民用建筑环境、生产环境和交通运输环境等（图 1-3）。

图 1-2　自然环境

图 1-3　人文环境

图1-4　江南水乡

图1-5　上海

人文环境可以定义为一定社会系统内外文化变量的函数,文化变量包括共同体的态度、观念、信仰、认知环境等(图1-4、图1-5)。人文环境是社会本体中隐藏的无形环境,是一种潜移默化的民族灵魂。简单来说,人文环境就是社会中大多数人都接受并崇尚的一种文化,就如同我们中华民族几千年的儒家传统思想及其他各种文化一样。人文环境的产生和广泛使用适应了人类社会文明进步的客观需要,也代表着人们周围的社会环境。民族文化、历史沉淀、民风民俗等非实体环境都属于人文环境,体现了一个地区人们对自然的认识、理解、重视程度和审美视角。民族传统是各民族文明演化而汇集成的一种反映民族特质和风貌的民族文化,是民族历史上各种思想文化、观念形态的总体表征。世界各地的各民族都有自己的传统文化。民族传统以种族、血缘、亲缘、宗教、地域等多种复杂关系为基础,构成较为固定的随着血缘世代相传的人群组合方式。文化是历史的沉淀,根植于每个人的生命深处。人类文明随着历史的发展不断得到完善,或许可以说日臻成熟。历史沉淀就是在历史的发展过程中保留下来的某一特定阶段处于主导地位的文化成果。民风民俗是特定社会文化区域内历代人民共同遵守的行为模式。宗教信仰是信仰者的思想寄托和精神支柱,不同民族地域群有不同的宗教信仰。

自然环境和人文环境属于雕塑放置空间的硬环境,决定着环境雕塑的体量、尺度、材质、形式、置放位置和方式。人文环境是构成环境雕塑文化品位、思想内涵、题材范围的重要依据。环境影响着人群的生活方式和行为方式,例如福建省永定客家人建造的土楼。福建土楼因其大多数为福建客家人所建,故又称“客家土楼”(图1-6)。土楼产生于宋元时期,成熟于明末、清代和民国时期。土楼是以土、木、石、竹为主要建筑材料,利用未经焙烧的土按一定的比例拌和,用夹墙板夯筑而成的两层以上的房屋。福建土楼作为福建客家人引以为荣的建筑形式,是福建民居中的瑰宝。同时福建土楼中又揉进了人文因素,堪称“天、地、人”结合的缩影。数十户、几百人同住一楼,反映客家人聚族而居、和睦相处的家族传统。因此,一部土楼史

图 1-6　福建省客家土楼

便是一部乡村家族史。土楼的子孙往往无须族谱便能道出家族的源流。福建土楼作为世界独具特色的大型民居建筑，遵循了"天人合一"的东方哲学理念，就地取材，选址或依山就势，或沿循溪流，建筑风格古朴粗犷，形式优美奇特，尺度适当，功能齐全，土楼与青山、绿水、田园风光相得益彰，形成了适宜的人居环境以及人与自然和谐统一的景观。

环境与人的生活联系密切，人作为环境的主体，不仅要求提高物质条件，还追求精神享受，环境艺术的发展也从满足人们基本的生理需求而转入更高层次的心理需求。我们对环境的创造和保护最终是为了更好地生存。当代环境艺术设计中的重要理念是对人的关怀。在环境艺术中，设计的出发点和归宿是人的主体性。同时，环境设计应关心人的主体性，还要尊重环境的自在性。环境是一个客观存在的系统，有其自身的特点和发展规律。人具有自然的属性，是环境的有机组成部分，人类不能做自然的主人，不能为所欲为。环境危

机是人类一步一步造成的，需要及时弥补。人类应认识到破坏环境的危害，调整思路并寻找人和自然环境良性循环的可持续发展道路。要想人类社会朝着良好的方向发展，我们必须正确认识自然环境和人文环境的发展规律，营造和谐的艺术环境。

人和环境是一个不可分割的整体。在人类社会发展的漫长过程中，人与环境形成了一种既相互对立、相互制约又相互依赖、相互作用的辩证统一关系。人与环境之间连续不断地进行着物质交换、能量流通与信息交流，保持着动态平衡，成为一个不可分割的统一体。人类肩负着对环境保护和创造的责任，既要对原有环境中富有价值和影响力的因素给予保护、发掘和补充（比如保持环境的自然特点、风貌造型，尊重民俗、宗教、政治），又要往环境中注入新的血液，创造富有人文特点的优美环境。设计师只有在环境设计中认识到并且灵活运用这一关系，才能使环境雕塑融于自然又不失其特色（图 1-7、图1-8）。

图1-7　富有人文特点的雕塑作品

图1-8　公园内的雕塑作品

第二节
环境的认知

当事物脱离或改变了自身的生存环境，它的特性也会随之改变。没有一种事物能脱离周围的环境在宇宙中孤立地存在。雕塑和环境是相互联系的，环境是雕塑存在的条件，雕塑只有适应环境，才能在环境中生存。

在物理学上，"场"是物质存在形式的一种，场中存在已知的效应，并且在每个点上具有确定的值，相互制约和影响。在生活中，"场"是一种心理活动，例如在空旷的公交车上，每个人都会以适当的距离站开，即便是在人很拥挤的情况下，我们也会力争自我的环境。这都是为了避免自己"场"的范围被侵犯。"场"具有一定的范围和强度，例如船在湖泊上行驶，游轮在大海上航行，不论是范围还是强度，二者之间都有所不同。由此可见，视觉运动具有一定的方向和强度，随着雕塑和环境之间关系的变化而变化（图1-9、图1-10）。

环境场具有以下三个特征。

1. 中心

中心是指环境中视线的交汇点。雕塑往往就是环境的中心。在单一、规则的环境平面中，任何事物都指向环境的轴心或中

图1-9　石窟中的佛像

图1-10　户外景点的佛像

图 1-11　单一、规则的环境平面

图 1-12　多样而不规则的场所

心；在多样而不规则的环境中，中心就是很多视点的综合体（图1-11、图1-12）。

2. 方向

方向是指人视线的主要朝向，单一且规则。场所形式有点状（图1-13）、链状（图1-14）、环状。其他规则或不规则布置方式形成的方向，则往往是这三种基本形式的综合体。在空间环境中，视线会随着相对高度、密度和排列方式的变化而改变。

3. 强度

强度是指环境视觉物的张力大小。这种强度取决于视觉环境中物体延伸、转换和衔接的程度，强度与观察者的经验及环境参照物的对比有关（图1-15、图1-16）。

创造观察者的可视运动是环境场创造的实质。决定场的条件是环境、场景、延伸、时空、观察者等，它利用观察者的视觉经验、规律焦点的移动，制造出想象空间的移动。环境场的三个特征决定了雕塑设计既要考虑雕塑的大小、高度等数据，又要考虑环境、背景、造型等要素。雕塑只有在环境中既起到了作用，又不破坏环境时，其生命活力才能获得完美体现（图1-17）。

《祖国——母亲》是纪念第二次世界大战期间斯大林格勒战役的纪念性综合体中的一座主雕，也是世界上较高的纪念碑之一（图1-18）。综合体建立于1966年，

图 1-13　点状

图 1-14　链状

图 1-15　张力大的雕塑作品

图 1-17　园林一角的戏曲雕塑

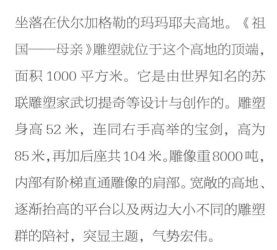

图 1-16　张力小的雕塑作品

图 1-18　《祖国——母亲》主雕

坐落在伏尔加格勒的玛玛耶夫高地。《祖国——母亲》雕塑就位于这个高地的顶端，面积 1000 平方米。它是由世界知名的苏联雕塑家武切提奇等设计与创作的。雕塑身高 52 米，连同右手高举的宝剑，高为 85 米，再加后座共 104 米。雕像重 8000 吨，内部有阶梯直通雕像的肩部。宽敞的高地、逐渐抬高的平台以及两边大小不同的雕塑群的陪衬，突显主题，气势宏伟。

第三节
雕塑的美学理念

20 世纪中叶以来，空间问题继时间问题之后成为了最为主要的美学问题。在西方传统哲学相继出现了"真正的世界"——"理念世界"（与现实世界相对立）、"彼岸世界"（与世俗世界相对立）、"物自体"（与现象世界相对立）之后，胡塞尔提出了"生活世界"的概念。"生活世界"即是跳出哲学虚构的所谓的"真正的世界"，从而回到一个"万物一体"的、鲜活的、诗意的、充满意味和情趣的世界，也就是海德格尔所说的"在世之在"。在此潮流中，时间和空间的二元对立日渐消解，这使人们对空间的理解产生了根本性的转变。今天，一切与造型有关的艺术，其空间观念、空间构成相对于传统的空间意识均发生了根本性的转变。由此，如何通过艺术创造一个"诗意空间"再次成为有讨论价值的美学命题（图 1-19、图 1-20）。

一、雕塑的空间造型

关于这一点，王朝闻先生早就指出：

图 1-19　人物游戏雕塑

图 1-20　鲨鱼雕塑

　　"大型雕塑要考虑它与周围环境的关系，要在不同条件下都觉得美。"这主要是指雕塑的个体造型和美感。与建筑不同，雕塑不倚重自身内部的功能空间，雕塑通过造型之变化构成其空间形态。人类创造艺术，通过其空间造型为泥巴和石头、木头等注入了思想。体块概念支配的独石柱雕塑和向心雕塑观念影响深远。西方传统从古埃及起始，经过古希腊、古罗马和中世纪、文艺复兴等时期的延续，到19世纪，独石柱艺术逐渐到达顶峰。今天，雕塑的概念已经不再是架上雕塑的传统与抽象，雕塑不再是人们以其为中心的观赏形态，而是参与创造一个空间的场，将其周围的空间环境作为作品的重要构成，从而休现

作品的意义（图 1-21、图 1-22）。

二、雕塑与环境的空间关系

　　雕塑与建筑都是通过一定的空间占有来表现其存在性的，由此形成了对占有空间的影响和控制，其造型控制了占有空间的审美构成，同时也对空间性质产生了影响。现代"图底关系"理论认为，人对事物形象的视觉把握也是对其整体和特征的把握。人对事物形态的视觉认知，不只与事物本身的形式有关，更与它所处的背景有关。没有背景的衬托，形式的特征将无法显现，背景与形式特征的整体性显现关系密切。众所周知，亨利·摩尔对雕塑中"空间"观念的贡献是巨大的。他的作品

图 1-21　人物喷泉雕塑作品

图 1-22　具有生命力的雕塑作品

小贴士

迄今为止，在现代雕塑家中，还没有一个雕塑家的国际声誉能超越英国雕塑家亨利·摩尔。亨利·摩尔之所以赢得世界人民的尊敬，是由于他的艺术与现代工业社会的时代气息紧紧相连。有史以来，雕塑的对象总是以神圣的英雄、贤者、政治领袖或运动员为主。在20世纪以前，塑造一个既无实际目标、也不具备具体内容的形象的雕塑，是闻所未闻的。亨利·摩尔的作品为时代创造了一种新的雕塑语言，那是一种与环境对话的语言，一种充满人性的现代语言。

在自然景观中与周围环境关系和谐，好像就是自然的一部分，原因就是摩尔经常直接以自然景观为背景，如此一来，其作品在创造过程中就有足够的机会与自然的天空、树林、小河、远山形成一种有机的关系，在自然中孕育作品，作品最后回归到自然。他对空间的理解较为深刻，他说："要真正明白一件实物三度空间的存在，你一定要假想当这些实物被移去后，那些曾被它占领的空间。再者，要量度空间，亦不能不先在虚空中定下一点，再量度由这一点到另一点的空间。所以说，宇宙虽然是一个空间，但通过不同距离的太阳和众星，这些不同位置的定点，亦可对它有个比较具体的概念。"（图1-23、图1-24）

雕塑家约翰·阿特金为了能让观者欣赏雕塑周围的空间时仍不失其特定的美感，往往根据周围的视觉环境，尤其是近距离的物体去考虑艺术创作。他的一些城市雕塑作品，既能彰显作品形式上的品质，又不会让人感到城市标志项目像无孔不入的广告一样干扰公众的生活。约翰·阿特金的雕塑理念表明：城市是一种更大的视觉环境，雕塑就在其间被构思、制作和安装。

雕塑不仅是一个美学或设计命题，同

图1-23　抽象人物雕塑作品

图1-24　青铜雕塑作品

时也是一个政治和教育命题。一个诗意空间的环境和空间构成应该具有双重背景，即"物质性的背景"和"精神性的背景"。"物质性的背景"包含着地理位置、自然环境、人文建筑等。摩尔和阿特金所指的主要是这种背景。而"精神性的背景"也很重要，它包含着民风习俗、文化心理、审美情趣等。你不能在一个信奉伊斯兰教的地区树立一座佛像，正如你不能在裹小脚的时代随意地树立一尊裸体的维纳斯。此外，为了将雕塑形式完整、准确地衬托出来，并展现在公众眼前，雕塑的造型、材料、质地、色彩、明暗等应放在具体的空间环境中进行审美考量：大漠雄关和江南古城；碧海连天和林壁峭立；历史重镇和文化新城；世外桃源和城市楼宇；古风遗址和闲逸小景。不同的空间里雕塑的内容和形式是不一样的（图1-25、图1-26）。

三、雕塑与观众的审美要求

美学家王朝闻指出："有关雕塑艺术的问题很多，我只企图从审美关系着眼，围绕着雕塑为什么耐看或不耐看的问题，对雕塑的审美特征和审美价值方面与其他艺术的联系和差别，雕塑的内容与形式，空间性与时间性的关系，雕塑出现的场所与观众的精神关系，雕塑品的风格与雕塑家的人格关系……"诗意空间应该是一个审美的空间。不同的空间形象产生不同的空间视觉效果，它直接影响了空间对人产生的心理作用和审美作用。唯有审美的心胸，方能发现审美的自然、创造审美的意象、到达诗意的妙境。诗意空间所体现的正是中国美学所强调的艺术创造的终极目标——生命的感悟，不是在"经验"的现实中认识美，而是在"超验"的世界里体会美。中国艺术家正因能参赞化育，与宇宙生命浑然同体，浩然同流，所以能创造一个充满生机活力的世界。所以，艺术的创造不是逻辑的、概念的，而是直觉的、感性的，不是用逻辑科学之眼，而是以诗性生命之眼观察世界。

诗意空间还是一个注重生命体验的空间。中国古代雕塑家在艺术创作中强调注重生命体验的世界，龙门石窟中的"卢舍那佛"不是一个逻辑的、概念的、说教的雕像，而是一种温暖的、慈悲的、明心

王朝闻先生认为"雕塑与绘画建筑一样，为适应与提高观赏者的审美需要而存在"。

图1-25 奔跑的马

图1-26 士兵

见性的爱的启示。艺术创造凝聚了艺术家对存在现象的本质思索，这种思索不单是理性的，更是感性的，不纯粹停留于知性概念的思考，更是在情感体验中的感悟。如叶燮所说："惟不可名言之理，不可施见之事，不可径达之情，则幽渺以为理，想象以为事，惝恍以为情，方为理至、事至、情至之语。"审美创造重涵咏悟理，不尚逻辑推论，诗意空间的获得，不能依靠概念的逻辑分析，不能采用思辨推理的方式，其最终的意义不止在于说明一个道理或表明一种哲理。

哲学家张世英认为："一般人主要是按主客关系看待周围事物，唯有少数人能独具慧眼和慧心，超越主客关系，创造性地见到和领略到审美的意境。"中国古诗中关于山水花木的描写，如"木末芙蓉花，山中发红萼""山路元无雨，空翠湿人衣""疏影横斜水清浅，暗香浮动月黄昏"等，这些诗句看不出人的感情，更不用说思想。它显示出一种深刻的生命感悟和洞察，这种感悟和洞察来自心灵对世界的反映。主体已经淡出，剩下的是心灵的境界，那是一种不关知识和功利的体验与觉悟，这就是中国艺术精神所倡导的纯然的艺术体验。正如朱良志所言："纯然的体验，

11

石狮起源

狮子形象始于汉朝，据说狮子是从西域传来的。相传东汉汉章帝时，西域大月氏国把一头金毛狮子作为礼物进贡给皇帝。后来随着佛教的传入，狮子成为一种被赋予神力的灵兽。在中国的文化中，狮子更多地是作为一种神话中的动物。

元朝的石狮，身躯瘦长有力（图1-27）；明清的石狮则较为温顺（图1-28）。清代，狮子的雕刻已基本定型。总体上，北方的石狮外观大气，雕琢质朴；南方的石狮更有灵气，造型活泼，雕饰繁多，小狮子有的在母狮掌下，有的爬上狮背，活泼可爱。中国人历来把石狮视为吉祥之物。到了明清，石狮的造型开始稳定，并趋近程式化。石狮艺术经过长期的发展演变，除了呈现强烈的民间性以外，其内容所体现的伦理、宗教、民俗意蕴美与所蕴含的线条、形制、动态的韵律美，构成了东方艺术独特的美学价值。门前的石狮的摆放是有规矩的。一般来说，都是一雄一雌，成双成对，且一般左雄右雌，符合中国传统"男左女右"的阴阳哲学。放在门口左侧的石狮一般都是右前掌玩弄绣球或者两前掌之间放一个绣球；门口右侧雌狮则雕成左前掌抚摸幼狮或者两前掌之间卧一幼狮。

图 1-27　唐代乾陵石蹲狮

图 1-28　清朝石狮

12

是要放下主体的视角，中国艺术论中发挥道禅哲学的心斋、无念等心法，去发现一片活泼的世界，惟有无心，才会有获益，才能创造出迷人之境。"（图 1-29、图 1-30）

好的布景不应是一幅画，而是一种想象；好的雕塑也不应是一个立体的凝固的画面，而是一种诗意空间的构成。雕塑不该像大多数人所设想的那样，只是室内装潢或室外装潢的一个点缀，尤其是不该成为某一个现实瞬间的复制品，竖立在那里供人瞻仰。每一个真实的事件都必须经过一次奇异的变形，使之远离世俗的、肤浅的表层生活，从而具有柏拉图式抽象的美的精神。并且，只有感官能够触及的表象

的美是次要的，只有心灵能感受到的美的实质才是艺术家应当追求的。宗白华说："中国人对'道'的体验，是'于空寂处见流行，于流行处见空寂'，唯道集虚，体用不二，这构成中国人的生命情调和艺术意境的实相。"这样一来，诗意空间就成为了生命空间的构成形态（图 1-31、图 1-32）。

四、历史文化的承载空间

中国的当代雕塑还未能摆脱西方主流雕塑概念的深刻影响。雕塑的美学意义应融入并保存于民族历史文化中并没有成为一个普遍自觉的问题。不少雕塑创造还在观察和模仿西方现当代雕塑观念下的雕塑

图 1-29　螃蟹雕塑作品

图 1-30　抽象人物雕塑

作品。雕塑艺术所要承载的文化意蕴，一方面要注意中国文化、东方文化和西方文化的共同性，另一方面也要注意其中的差异性。吸收西方文化的精粹是必要的，但我们的立足点应该是中国文化。雕塑艺术除了具有造型和形式之外，最重要的是承载深刻的人类历史、精神和文化的内容。无生命的材料一旦成为雕塑，就意味着人类将生命的意义和深层的文化精神注入其中。这种意义和美感的产生不能脱离雕塑的存在世界，这个存在世界由客观物质环境和文化精神环境共同构成。西方式的诗意和东方式的诗意之间存在着审美情趣的诸多不同，我们试图在两者之间选择更能传达中国艺术精神的美感和诗意的方式。雕塑的内容是不同民族、不同时代、不同

文化背景下的人类精神的集中反映，中国人的精神应集中反映在对自身历史、文化、美学的自信、体悟之中。雕塑所要创造的诗意空间也应该如此（图1-33、图1-34）。

五、空间中的时间和时间中的空间

莱辛认为造型艺术是空间的艺术，美学家王朝闻则认为造型艺术是有时间性的，他强调雕塑的空间性和时间性是相伴相随的，他反对莱辛以时间、空间划分艺术，并从审美的角度具体深入地探讨了雕塑中时间和空间的关系，指出了"时间"正是雕塑的魅力所在。他所谓雕塑产生的"时间"，指的是雕塑形象的暗示性与主体欣赏活动相互作用而成的一种审美交互

图1-31　花丛中的小孩

图1-33　马与草地的联系

图1-32　休息中的女孩

图1-34　雕塑与人群的联系

空间中的体验。但是人的意识形态决定雕塑的意义和意境。所以他认为，雕塑应该是时间和空间的统一。这一点正契合了中国传统美学中的生命精神。那么雕塑怎样表达蕴含在空间中的时间感呢？他认为时间通过运动，或者说通过先后承续的事物来表现，雕塑无法描述先后的运动，但它可以通过暗示来表现这种先后的承续性。"暗示性的片刻"被王朝闻反复强调，他指出雕塑应该选择动作的瞬间，这个瞬间绝不是随便截取的，必须能解释事件的前因后果。从动作的暗示性出发，他进一步指出暗示性必须通过欣赏者的精神活动来完成。中国艺术素来追求"刹那即是永恒"的情怀（图1-35、图1-36）。

艺术家控制着正在消逝的时间，同时又创造了一种看不见的却又真实存在的"精神时间"。对于中国艺术而言，艺术家不能只是世界的陈述者，而应该是世界的发现者，因此要超然于现实的时空之外。海德格尔明确地要返回比主客关系更本源的境域去思考存在的问题。这是一种万物一体的境域，没有主客之分、物我之分，是人生最终极的家园，人应该在那里"诗意地栖居"。在海德格尔看来，以主客二分的思维模式看待世界，往往遮蔽了本原的世界，这个充满诗意的本原世界就是美，所以"美是作为无蔽的真理的一种现身方式"。超越时间的目的在于触摸永恒。沉溺在时间的妄想之中，习惯过去、现在、未来的延伸的秩序，习惯冬去春来的四季流变，沉湎于日月更替的生命过程，这是大部分人的时间体验，也是大部分人被时间驱使和碾压的人生宿命。用这样的眼光看待世界、体验人生，世界的真实意义只能与心灵擦肩而过。雕塑造就的诗意空间，就应当去伪存真，发现并创造这样一种澄明和本然（图1-37、图1-38）。

中国艺术早已突破了对世界逻辑和理性的认识，进入了审美的诗意栖居。王维曾作有《袁安卧雪图》，图为雪中芭蕉的景象。按照自然逻辑，芭蕉在冬天会凋敝，画家并非不遵循自然时间和秩序，而是去形画意，体现一种诗境。艺术创造不是一种逻辑的推理和判断，而是一种诗意的生命感悟和体验。诗意空间创造的是"时空统一的艺术"，它的特征体现在造型对空间的占有、空间在时间中的延展。在诗

图1-35 羽毛球比赛

图1-36 自行车比赛

图 1-37　规律的排列

图 1-38　错落的排列

静安雕塑公园

小贴士

静安雕塑公园是上海市中心唯一一个专题类雕塑公园，是一种开放式的城市公园。它是以人为本，以绿为主，以雕塑为主题，以展示为手段，绿化与雕塑、小品相互渗透、和谐统一的城市公园。它也为广大市民提供游憩、休闲和接受艺术熏陶的场所，是上海中心城区公园绿地与文化设施结合的典范。

意空间中，雕塑既是"时间中的空间"，又是"空间中的时间"。诗意空间意在开启被遮蔽的真实的心理和思想空间，它是对不可言说的深远的真实的一种言说。它一方面能够显示客观事物的外表情状，另一方面也能够显示事物的内在本质，其中既包含理，也洋溢着情（图 1-39、图1-40）。

图 1-39　草藤头发的生长力

图 1-40　重复加强的生长力

时空问题作为哲学、科学和艺术中的永恒之谜，它带来了人类对有限与无限的矛盾的思考，以及人生的此岸与超越的困惑。艺术创造是对生命的此岸和彼岸问题的觉悟，是人类对于世界的本质和生命的真相的终极体验和认知。如果这种终极性是不可言说的，那么只能用艺术来表达，才能包含真正的智慧和觉知的"诗意"，才能创造一个浑然天成、意味无穷的诗意空间（图1-41、图1-42）。

六、雕塑的生命力表现

作品的生命力体现在形体和空间、色彩方面，并且要与合适的环境相配合。

这种充满生命力的表现不是说表现生活中生命的表面现象，如人的奔跑、舞蹈动作等，往往这些题材并不一定能表现运动，照片中出现的动作往往十分僵硬，没有动感。生命力的表现在于内在本质力的表现，充满生命力的雕塑和表现的题材不是一致的。阿恩海姆道："一棵垂柳之所以看上去是悲哀的，并不是因为看上去像一个悲哀的人，而是因为垂柳枝条的形状、方向和柔软性本身传递了一种被动下垂的感觉。"由此可见，事物产生力的感觉，主要在表现形式上，当表现的形式和内容一致时，作品才会显示出生命力（图1-43、图1-44）。

图1-41　人像雕塑

图1-43　不锈钢机车雕塑

图1-42　行走的女孩

图1-44　蝎子雕塑

草 坪 雕 塑

　　草坪雕塑是以各种草坪植物和泥土为材料，把园林和雕塑艺术相结合，巧妙地将人、动物、自然融合在城市环境中，起到了塑造城市美好形象、提供休憩游玩场所、保护环境的作用。草坪雕塑不仅材料来源丰富，而且能释放氧气和吸收二氧化碳，具有净化空气、调节空气温度和湿度、提供人类生存所必需的营养物质的作用。草坪雕塑是自然、生命、健康、舒适、活力和安全的象征，具有绿色化、节约化、资源化、优美化的特点（图 1-45）。

17

图 1-45　草坪雕塑

第四节
案例分析

一、红树西岸小区群雕

红树西岸小区内的群雕极富特色，简单质朴的形象，在绿植的掩映下蕴含生机。这组雕塑非常注重与环境的融合，达到了一种极为和谐的境地。石板上的少女惬意地弹琴，整体人物形象偏纤细，更符合轻灵的气质（图1-46、图1-47）。

垂下的树枝一角，站立着一名少女，她扬起的手背上停着一只小鸟，少女愉悦的表情以及体态放松的小鸟使整座雕像呈现出人与自然融洽相处的情景（图1-48、图1-49）。

草地上跳舞的少女们，彰显了青春的活力，扬起的辫子、欢快的表情让观者情不自禁地想融入进去（图1-50、图1-51）。

滑板少女的形象向人们彰显了一种自由奔放的精神，人们在这座园林里，可以尽情地做自己喜欢的事。墙角的男子雕像以思想者形态坐在石凳上，戴着耳机静静享受属于自己的时光，营造了一种静谧悠闲的气氛。雕像之间的动静结合极大地增添了园林的魅力（图1-52、图1-53）。

除此以外，红树西岸小区内还包括瑜伽少女、晨练少女等形象。这组雕像以人们在园林中的日常活动为基础，雕塑作品所蕴含的概念及意义一览无余，简单却不失设计感的创意让园林生意盎然（图1-54、图1-55）。

二、公园有氧运动群雕

公园内的雕塑更注重开放性以及与群众的互动性，多样的颜色以同样的造型将雕塑呈线形分布在道路两旁，错落有致，能很好地吸引公众的注意力（图1-56、图1-57）。

单车与人的造型都进行了简化，线条流畅且极具亲和力。抽象的作品虽不表现细节，但充分表现了作品的主题。公众能够从这组雕塑作品中感知到运动的魅力

图1-46　抚琴少女

图1-47　侧面

图 1-48 树下的少女

图 1-52 滑板少女

图 1-49 侧面

图 1-53 听歌的思想者

图 1-50 跳舞的少女们

图 1-51 雕塑细节

图 1-54 瑜伽少女

图 1-55　晨练少女

图 1-56　单车群

图 1-57　红色单车

21

（图 1-58、图 1-59）。

　　在单车雕塑群的另一边，还有一组雕塑以跑步为主题，颜色鲜艳多样，人物造型各异，极具感染力（图 1-60、图 1-61）。

　　奔跑的姿势各异，也代表着不同的人群。人物造型同样被简化，主要表达人们跑步时的状态，充满朝气与活力（图 1-62～图 1-65）。

　　该组雕像为公园增添了很多趣味性，让公众既能休憩，也能牢记运动的意义。

图 1-58　黄色单车

图 1-60　五彩的颜色

图 1-59　单车细节

图 1-61　雕塑侧面

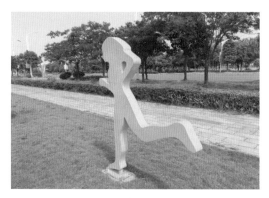

图 1-62　黄色人物雕像

图 1-63　雕像细节

图 1-64　红色人物雕像

图 1-65　雕像细节

思考与练习

1. 简述环境的概念，并谈谈自己的理解。

2. 环境场有哪些特征？观察生活中的雕塑作品，举例说明。

3. 雕塑中包含哪些美学理念？

4. 查阅雕塑家亨利·摩尔的雕塑作品，简述其作品特点及创作理念。

5. 国内外有哪些比较著名的雕塑公园？它们之间有什么区别？

6. 尝试构思设计 1 件雕塑，简述如何体现其生命力。

第二章

环境雕塑的内涵

学习难度：★ ★ ★ ☆ ☆

重点概念：环境雕塑的特征、环境雕塑的类型、环境雕塑的
作用

章节导读

雕塑属于传统的艺术，人通过雕和塑两种手段重新创造出具有美感的实体，表达自己对世界与环境的认识。雕塑按造型可分为圆雕、浮雕和透雕，按摆放地点可分为室内雕塑和室外雕塑。环境雕塑强调与周围环境共存共荣，表现出独特的艺术形式。雕塑创作者不仅要考虑雕塑本体，还要考虑雕塑以外的要素，如自然环境、人文环境、城市文化、城市规划、建筑形态等。环境雕塑是一门综合学科，涉及雕塑美学、建筑学、城市规划学、环境心理学、社会学、环境生态学等诸多学科，在一定程度上还与建筑、装饰工程技术紧密联系在一起。环境雕塑是艺术、科学、生活环境的整合，环境雕塑的创作过程实际上是综合各类因素的设计过程（图2-1）。

26

图 2-1　景点雕塑

第一节

环境雕塑的特征

一、环境雕塑与环境密不可分

注重雕塑主体与环境背景的有机融合是环境雕塑的重点。体现环境艺术的内涵是环境雕塑的必要要求。雕塑是为环境而生的。一件完美的雕塑品不仅仅要展示自身造型的精美，更重要的是能与所处环境完美地结合起来，彼此衬托，交相辉映。雕塑以各种形式在不同条件的影响下融入环境，追求整体的和谐，达到整合环境、

美化环境的目的。讲究整体环境审美效应的环境雕塑才是成功的作品（图 2-2、图 2-3）。

二、环境雕塑体现学科之间的互动性

环境雕塑综合了多方面的艺术知识，这体现了与其他学科之间的互动性。创作者在一件雕塑作品上倾注自己的个人思想和审美感受的时候，要多方面考虑雕塑与周围环境及受众之间的关系。因为它涉及美学、社会学、人类工程学、行为心理学等学科。熟悉雕塑本体是雕塑家必须掌握

图2-2　公园里的鸭子雕塑

图2-3　街道上的游人雕塑

的技能。除此之外，雕塑家更要提高个人的知识素养，不断学习与雕塑相关的学科，熟悉工程技术特点，关注工程技术新工艺、新成果。只有掌握了丰富的知识，雕塑家才能创作出优秀的雕塑作品，从而推动环境雕塑工艺技术的发展（图2-4、图2-5）。

三、环境雕塑影响人们的精神生活

放置在公共环境中的雕塑可称为公共雕塑。但是，并不是把一件雕塑放在公共空间（如广场、公园、小区等），它就能成为一件公共雕塑。当下大量的媚俗化的环境雕塑，不但没有考虑公众的审美趣味，而且成为了充斥在公共空间中的视觉垃圾。雕塑不仅要体现公共空间的独立性，还要在审美与思想层面对既有的僵化的审美趣味与文化权力话语展开批判。公共雕塑作为公众生活空间的一个重要组成部分，时刻都在作用于观赏者的感官，影响人们的精神生活。公共雕塑的发展，要靠雕塑家们的大胆尝试和创作。

成功的公共雕塑有两个特点：首先，公共雕塑要考虑民意，反映民意和人文关怀；其次，公共雕塑应成为观众与环境互

图2-4　青铜创意雕塑

图2-5　陶瓷创意雕塑

动的纽带。这样，观众、雕塑和景观之间的距离才会完全消失。换言之，成功的公共雕塑总是在与环境互动、协调并与环境和谐融合。雕塑设计的工作必须考虑主题、题材、风格、规模、特定的材料及环境因素，这些因素都需要相互协调并融合成一个有机的整体（图2-6）。雕塑的形状、体积、空间特征、颜色及形式需要与具体的环境和地理规划相协调。公共雕塑在客观上要求艺术具有一定的多样性。公共空间存在不同社会层次、不同教育背景、不同民族的人群，环境雕塑并不一定都要具有观念的先进性和前卫性。它更应该表达人间恒常的理性与普遍情怀，使更多人产生共鸣。雕塑作品的表现语言应当强调满足公共性要求的通俗化（图2-7）。

艺术需要经历时间的检验。艺术家的观念可以超前，经过一段时间以后，这件雕塑就会被重新认识并变得更有意义。例如，在芝加哥市中心有一个毕加索设计的雕塑。这个雕塑最初引起了很多的争论。1967年刚建好时，这个雕塑抽象的设计、非传统的材料以及巨大的尺寸都成了人们轻视和嘲笑的因素。然而，随着时间的推进，艺术家毕加索给芝加哥的这个礼物，变成了这座城市的象征和骄傲。

四、环境雕塑注重设计性

雕塑作为城市或乡村的标志性记忆，已被大众认可。这些雕塑代表着不同地区、不同时代的文化遗产，无论是抽象的、具象的，还是象征的作品，都具有丰富的内涵并值得人们欣赏和记忆。这些公共雕塑见证并记录了时代的发展和历史。因此它的主题和位置的选择要有一定的规划性，而不受雕塑家个人的意愿所左右。环境雕塑创作实际是雕塑家在一定范围内进行的设计活动。

设计指设计师有目标、有计划地进行技术性的创作与创意活动。设计的任务不只是为生活和商业服务，同时也伴有艺术性的创作。环境雕塑创作与纯艺术雕塑创作的原则不同：纯艺术雕塑创作是艺术家用雕塑来表现个人观念与情感的一种艺术形式；环境雕塑创作则是将艺术家个人的精神世界与作品的环境空间及受众心理相融合的一种艺术形式（图2-8、图2-9）。

图2-6 雕塑与环境的互动

图2-7 具有人情味的雕塑

图 2-8　贴近生活的雕塑作品

图 2-9　充满趣味的雕塑作品

第二节
环境雕塑的类型

一、按功能分类

1. 纪念性雕塑

纪念性雕塑用以纪念或缅怀重大事件和活动中的人或事。它一般使用能长期保存的雕塑材料，并安置在特定的环境或纪念性建筑的综合体中，具有庄严的特点。这类雕塑多在户外，是紧密联系广大群众的生动活泼的、有效的宣传教育手段，通过纪念性雕塑再现的重大历史事件，塑造杰出的历史人物，来显示一个国家和民族的崇高理想。人们从纪念性雕塑的艺术形象中了解过去，接受潜移默化的教育，从伟大历史人物身上受到启迪和鼓舞。

主题鲜明是纪念性雕塑的主要特征，一般以历史上或现实生活中的人或事件为主题，也可以是某种共同观念的永久纪念。这类雕塑在题材上相对比较严肃。大型纪念性雕塑往往通过建筑、物品展示、雕塑等综合体的形式，通过彼此之间的相互烘托强化纪念意义（图 2-10、图 2-11）。

雕塑类型的划分并不是界线分明的，纪念性雕塑也可能同时是装饰性雕塑和主题性雕塑，装饰性雕塑也可能同时是陈列性雕塑。

图 2-10　李小龙纪念雕塑

图 2-11　纪念"九·一八"事变雕塑

纪念性雕塑历史悠久,我国纪念性雕塑的出现不晚于先秦。现存传统大型纪念碑雕塑,如西汉霍去病墓前石雕群,东汉李冰石像及大足宋刻赵智凤石像等,均较典型。古埃及的金字塔、古罗马的纪功柱等通常设置在广场空间,雕像主体位于整个场所的控制性视点。1806年由夏尔格兰负责动工建造的法国巴黎凯旋门,地处宽阔的星形戴高乐广场,位于香榭丽舍大街的尽头。根据拿破仑的命令,该雕像用来纪念法国大军。凯旋门每一面上都有巨幅浮雕,其中最精美的是《马赛曲》,上面绘制着义勇军出征的壮丽场景。早期的纪念性雕塑主要为统治阶级唱颂歌,歌颂宗教和帝王。而现代纪念性雕塑更多展现人类征服自然、科学性的发现等题材。例如苏联卫国战争斯大林格勒大血战纪念雕塑群和《祖国——母亲》巨型主题雕塑;美国拉什莫尔国家纪念碑;中国的北京天安门广场的人民英雄纪念碑浮雕群,毛主席纪念堂群雕和卢沟桥抗日战争纪念碑雕塑群等(图2-12、图2-13)。

美国拉什莫尔国家纪念碑是由美国雕塑家格桑·博格勒姆创作的,展现了美国历史上的四位总统的形象,包括乔治·华盛顿、托马斯·杰弗逊、西奥多·罗斯福和亚伯拉罕·林肯,该雕像位于美国南达科他州的拉什莫尔山峰。整个纪念碑花了整整14年的时间才得以完成(图2-14)。

中国的北京天安门广场人民英雄纪念碑浮雕由《虎门销烟》《五四运动》等10块大型汉白玉浮雕组成,高2米,总长40.68米,浮雕风格采用了中国古代雕塑艺术传统,并融合西洋的写实方法。不管从什么角度看,该组浮雕在中国雕塑史上都是值得大书一笔的,浮雕创作集中了中国最优秀的雕塑家的努力,经过8年时间完成。它是高层次、高规格、高水准、高难度的里程碑式的纪念性建筑雕塑作品(图2-15)。

图2-13 卢沟桥抗日战争纪念碑雕塑群

图2-12 法国的凯旋门《马赛曲》浮雕

图2-14 拉什莫尔国家纪念碑

图 2-15 《虎门销烟》浮雕

拉什莫尔国家纪念碑建造背景

1923 年，南达科他州的历史学家多恩·鲁宾逊提议在拉什莫尔山的花岗岩上雕刻美国开国元勋的雕像，作为弘扬美国精神的永恒象征，并以此来吸引游客游览美丽的布莱克山区。1924 年，鲁宾逊的想法引起了雕塑家格桑·博格勒姆的注意。他决定以巨大的总统像雕刻来创建一个"民主圣地"。

博格勒姆在接受工程后，首先制作了一幅比例尺为 1:10 的设计图，按图塑造出每个头像的石膏模型。石膏模型的尺寸约为真实尺寸的十二分之一。然后，博格勒姆用水平棒作垂直测量定出基准点并放大标定在山岩的相对位置上。工人们以此点为起点，在一只用手摇绞车来控制的吊箱上进行"画线"和"雕刻"。"雕刻"中采用了基点定向爆破，并用钻机和炸药在预定的位置上作逐段碎石处理。雕像基本完成时，共炸下碎石 45 万多吨。博格勒姆本打算要雕凿到人物的腰部，但由于资金、自然条件等原因和他的不幸去世，这一工程并未能最后完成。

1927 年 8 月，当时的美国总统卡尔文·库利奇主持了作品的开工仪式。期间由于资金不足、天气恶劣和岩层厚度等自然条件发生变化，工程曾经几次被中断，实际的开工时间集中起来约六年半。1930 年，华盛顿头像揭幕；1936 年，杰弗逊头像揭幕；1937 年，林肯头像揭幕；1939 年，罗斯福头像揭幕。头像的雕刻采用了高浮雕写实的手法，突嵌在高大的山峰上。每尊头像的高度约为 18 米，总面积约为 20 平方米，其中鼻子长度约 7 米，嘴的宽度为 2.6 米，眼睛宽 1.5 米。他们目光前视，仪表庄严，代表着美国业绩的四大象征：创建国家，政治哲学，捍卫独立，扩张与保守。

小 / 贴 / 士

图 2-16 宁波梁祝文化公园雕塑

图 2-17 《长恨歌》雕塑群

32

2. 主题性雕塑

主题性雕塑是某个特定地点、环境、建筑的主题说明。它必须与环境有机地结合起来，并点明主题，甚至升华主题，使观众明显地感到这一环境的特性，具有纪念、教育、美化、说明等意义。主题性雕塑揭示了城市建筑和建筑环境的主题（图 2-16、图 2-17）。

首都十大建筑工程中的雕塑项目《庆丰收》大型群雕，是为迎接建国十周年所建造的（图 2-18）。这座群雕令人震撼的是磅礴雄浑的气势和高亢昂扬的激情，真正具备了深层次的中国风格，彻底超越了机械模仿的皮毛层面和简单搬用。它们的整体造型稳定而有动感，饱满的形体和体量富有建筑感，蕴含着强劲的力度，丰富而又适度的细部变化使整体更加引人入胜，从而保证了多视点、多角度的观看效果。作品从主题表现到造型、情调、风格、尺度等方面均与全国农业展览馆的建筑环境相协调，具备了优秀环境雕塑的必要条件。

《黄河母亲》雕塑位于兰州市黄河南岸的滨河路中段、小西湖公园北侧，是目前全国诸多表现中华民族的母亲河——黄河的雕塑艺术品中最具表现力的一尊。它

图 2-18 《庆丰收》大型群雕

具有很高的艺术价值，曾在全国首届城市雕塑方案评比中获优秀奖。雕塑由甘肃著名的雕塑家何鄂女士创作，雕塑构图洗练，寓意深刻，雕塑下基座上刻有水波纹和鱼纹图案，源自甘肃古老彩陶的原始图案，反映了甘肃悠久的历史文化，展现了黄河的博大胸怀和坦荡胸襟（图 2-19）。

3. 装饰性雕塑

装饰性雕塑是以装饰为目的而进行的雕塑创作。现在城市中又出现了一批以装饰和美化城市环境为目的的装饰性雕塑作品，如重庆长江大桥两端设有以"春、夏、秋、冬"为主题的四座雕塑，它们的作用就是装饰大桥。装饰性雕塑是环境雕塑的主要组成部分。它的主要特征在于强

调主体对客体的感受，注重艺术规律和形式美法则；偏重趣味性，淡化情节性；注重思想化的抒情，富于浪漫主义的夸张，具有象征性表现技法的内涵和依附性的特征（图2-20、图2-21）。

装饰性雕塑应该以美的姿态、美的造型、美的构图形成美的画面，给人精神上的享受，所以成功的装饰性雕塑就像一首抒情的诗，一幅优美的画，美化人们的生活，陶冶人们的情操。它会受到人们的普遍重视，甚至成为城市的标志，如波兰的《华沙美人鱼》雕塑。

装饰性雕塑与建筑物密切结合，是一种用雕塑来装饰美化建筑物的艺术。我国古代宫殿、寺庙、塔、住宅等都有许多以人物、动物、虫、花卉等为题材的雕塑。这些雕塑装饰能突显建筑的宏伟美观。还有一种雕塑在设计上服从建筑总体布局，但本身却有其特定的内容，以其形式之多样、造型之完美，起到美化环境和丰富人民文化生活的作用，如体育馆前的雕塑以及那些环绕建筑而设计的雕塑。建筑和雕塑往往相辅相成，是一个不可分割的有机体。建筑被称为静止的雕塑，可以说一个建筑本身就是一个大的雕塑形态。

甲午海战纪念馆主雕为清朝海军北洋水师提督丁汝昌的雕像，主雕与建筑的有机结合共同组成了甲午海战纪念馆的主体。作品没有过多地表现细节，而是考虑到其建筑性，将雕塑中人物的衣服处理成大块面，形成随风飘动的装饰效果。人物手持望远镜，寓意对海防的警惕，整座雕像表达了人民对抗击侵略者的民族英雄的深切缅怀（图2-22）。

图2-19 《黄河母亲》雕塑

图2-20 装饰园林的雕塑作品

图2-21 装饰住宅的雕塑作品

图2-22 甲午海战纪念馆主雕

4. 功能性雕塑

雕塑作为一种介入社会、介入生活较为明显的艺术门类，一直在社会生活中起到很大的作用，其功能性大多依托于宗教的祭祀仪式和公共纪念性之上。功能性雕塑强调环境雕塑和使用功能的结合，创造出既实用又具有艺术审美的雕塑作品。如今，雕塑和公共设施的有机结合得到广泛应用，人们不仅能使用这些公共设施，还能欣赏艺术作品。这类雕塑从私人空间到公共空间无处不在。它们不仅美化和丰富了环境，而且启迪了我们的思维，让我们在生活的细节中真真切切地感受到美。功能性雕塑其首要目的是实用，比如公园座椅雕塑和喷泉雕塑（图 2-23、图2-24）。

5. 陈列性雕塑

陈列性雕塑是环境雕塑的一种特殊类型。环境雕塑的艺术特征要求它与周围环境互相协调统一，互相衬托。纪念性的、主题性的、装饰性的雕塑作品，都不能任意从室内架上移植到室外。而陈列性雕塑可以移植到室外陈列，供人们参观欣赏。如比利时安特卫普郊区公园的 20 世纪现代著名雕塑作品，其中包括著名雕塑家罗丹的《穿睡衣的巴尔扎克》，现代金属结构雕塑家卡尔达用金属板焊接的抽象雕塑作品《狗》。再如日本救世热海美术馆前陈列的著名雕塑家亨利·摩尔的《皇帝与皇后》，是从苏格兰的一处旷野岩石上移植而来的作品。

雕塑大师维格兰的人体雕塑艺术不仅在挪威名扬已久，就是在世界雕塑史上也是声名远播。为纪念这位杰出的雕塑大师对挪威人民乃至全世界作出的无私奉献和不朽功绩，挪威政府在首都奥斯陆市区建立了以他名字命名的维格兰雕塑公园。维格兰雕塑公园占地面积约 50 公顷。整个公园的正门、石桥、喷泉、圆台阶、生死柱都设置在一条长达 850 米的中轴线上。公园内安放了维格兰的人体雕塑作品 192 座、人物雕像 650 人。这些人体雕像使用的材料有铜、铁、花岗石等，均为真人大小，全由维格兰一人独立制作。因而维格兰雕塑公园是世界上最大的、由艺术家独立完成的雕塑公园。这些雕塑是维格兰的呕心沥血之作，每一幅都是精品（图 2-25、图 2-26）。

图 2-23　公园座椅雕塑

图 2-24　喷泉雕塑

图 2-25 奥斯陆维格兰雕塑公园全景

图 2-26 奥斯陆维格兰雕塑公园生命之桥

奥斯陆维格兰雕塑公园雕塑主题

小贴士

维格兰雕塑公园里所有雕像集中突出一个主题：生与死。如喷泉四壁的浮雕，从婴儿出世开始，经过童年、少年、青年、壮年、老年，直到死亡，反映人生的全过程。维格兰雕塑公园台阶中心的生死柱，无论在艺术技巧上，还是在思想内容上，都可谓雕塑作品中具有代表性的杰作。生死柱高达17米，周围上下刻了121个裸体男女浮雕。柱上死者惨相目不忍睹，有夭折的婴儿、不幸的青年、披头散发的妇女、骨瘦如柴的老人。这根生死柱描绘了世人不满于人间生活而向"天堂"攀登时，相互倾轧的情景，其中有的人沉迷，有的人警醒，有的人挣扎，有的人绝望，令人思绪万千。

二、按形式分类

1. 圆雕

圆雕是指非压缩的，可以多方位、多角度欣赏的三维立体雕塑。圆雕的雕刻手法与形式也多种多样，有写实性的雕塑与装饰性的雕塑，具体雕塑与抽象雕塑，户内雕塑与户外雕塑，架上雕塑与大型城市雕塑，着色雕塑与非着色雕塑等。雕塑内容与题材也丰富多彩，可以是人物，也可以是动物，甚至是静物。雕塑的材质更是多彩多姿，有石料、木料、金属、泥土、纺织物、纸张、植物、橡胶等。

圆雕虽然不适合表现自然场景，却可以通过对人物的细致刻画来暗示人物所处的环境。如通过衣服的飘动表现风，通过动态表现寒冷，通过表情和姿势表现出是处在炼钢炉前还是处在稻田之中。圆雕不适合渲染大规模的群众场面，可是却擅长集中深入地塑造富有个性的典型性格。圆雕不适合表现太多的道具、烦琐的场景，它只用合适的物品或其局部来说明必要的情节，以烘托人物。圆雕的表现手法精练、简洁，因此，它不适于表现过于复杂、曲折、戏剧化的情节。

圆雕是立体的空间形象，人们可以从四面八方观看，这就要求艺术家从各个角度推敲它的构图，要特别注意形体结构的空间变化。圆雕虽是静止的，但它可以表现运动过程，可以用某种暗示的手法使观者联想到已成过去的部分和将要发生的部分。形体起伏是圆雕的主要表现手段，如同文字之于文学，色彩之于绘画。雕塑家可以根据主题内容，对形体起伏大胆夸张、舍取、组合，不受常态的限制。形体起伏就是雕塑家借以纵横驰骋的广阔舞台。总之，圆雕要求精而深，强调"以一当十""以少胜多"，它要求雕塑家既要掌握雕塑艺术语言的特点，又要敢于突破、大胆创新（图2-27）。

2. 浮雕

浮雕采用压缩的方式、靠透视等因素来表现三维空间，只供一面或两面观看。浮雕一般附属于另一平面上，因此在建筑上使用更多，用具器物上也经常可以看到。由于浮雕压缩的特性，所占空间较小，所以适用于多种环境的装饰。现代社会，浮雕在城市美化环境中的地位越来越重要。

浮雕在内容、形式和材质上与圆雕一样丰富多彩，主要有高浮雕、浅浮雕、线刻等几种形式。高浮雕是指压缩小、起伏大、接近圆雕或半圆雕的一种雕塑形式，这种浮雕明暗对比强烈，视觉效果突出；浅浮雕压缩大，起伏小，它既保持了建筑式的平面性，又具有一定的体量感和起伏感；线刻是绘画与雕塑的结合，靠光影产生，以光代笔，甚至有微妙的起伏，给人一种淡雅含蓄的感觉（图2-28）。

3. 透雕

透雕（镂空雕）是去掉底板的浮雕。底板去掉会产生一种变化多端的负空间，并使负空间与正空间的轮廓线呈现一种相互转换的节奏。这种手法过去常用于门窗、栏杆、家具上，有的可供两面观赏（图2-29）。

图2-28 浮雕

图2-27 圆雕

图2-29 透雕

第三节
环境雕塑的作用

一、调节心理

现代社会人们的生活节奏很快，因此心理调适是减少矛盾与冲突发生的一个重要途径。室内公共空间为城市空间增加了活力，这不仅有利于公共建筑的发展，也有利于社会的发展和进步。想要提高现代公共建筑的整体环境质量，就要提高室内空间环境的艺术与文化层次，使环境能更好地为人们服务。室内公共空间环境中的雕塑艺术也承担着改善环境与调节人们心理的责任，雕塑家应通过改变室内环境雕塑的方式来减轻人们的心理压力。环境雕塑丰富了几何建筑造型，能有效缓解市民因拥挤和劳累而产生的焦躁情绪。环境雕塑点缀着环境，与周围景观相辅相成，使得空间环境更丰富、更有层次感并富于美感变化（图2-30、图2-31）。环境雕塑通过呈现与人相当的体量感，让人们产生亲切、温暖的感受，从而减轻高楼大厦带来的压迫感。

二、推动经济发展

环境雕塑从表面上看好像是纯艺术的范畴，与经济建设无关，但实际上却具有很重要的经济价值。环境雕塑是一个城市精神文明与物质文明发展的集中表现，它凝聚着民族发展的历史和城市的精神面貌，提升了城市的文化品位，使人们得到了深层次的艺术体验。这样就具备了投资的基础环境，能够吸引海内外投资，拉动城市的经济建设，加快城市建设的步伐，促进城市经济健康有序的发展。造型优美、含义隽永的环境雕塑，给人难以磨灭的印象，从而可以在旅游经济中直接发挥核心作用。在欧洲一些国家，城市环境雕塑作为人文景观，拉动旅游经济的持续发展。英国博物馆珍藏的《掷铁饼者》雕塑每年吸引很多游客前来观赏。可见，环境雕塑可以拉动城市旅游业的发展，推动城市文化建设，推进城市建设进程。许多国家将环境雕塑作为城市人文景观发展成旅游最重要的资源，譬如丹麦的《海的女儿》、布鲁塞尔的《撒尿的小孩——于连》等（图2-32、图2-33）。

环境雕塑既可以宣扬民族文化，反映时代精神；又可以装饰环境，美化和丰富人民的精神生活。

图2-30 趣味雕塑

图2-31 动物雕塑

图 2-32　丹麦的《海的女儿》

图 2-33　布鲁塞尔的《撒尿的小孩——于连》

三、彰显文化特色

　　环境雕塑既是一个国家和地区的文化标志和象征，又是民族文化积累的产物。环境雕塑与城市建筑一样，是一个民族精神文明与物质文明最直观、最集中的表现。雕塑作为人的创造性的一种特殊表现形态，在人类现代城市化的发展道路上具有里程碑的意义。任何真正有艺术价值的环境雕塑一旦形成，便作为民族文化的永久性物化形态存在，具有长远和永恒的意义。在这一点上，环境雕塑的文化积累功能是其他文化形态难以相提并论的。雕塑作为一种具体可感的艺术形象，除了具有审美价值之外，还蕴含着深刻的文化内涵。针对一些城市雕塑与所在城市文化割裂的情况，设计者、建设者要强化传统文化的积累，承担传承文化的责任和使命，深入挖掘城市的历史文脉，从城市的历史因素、地域文化因素等方面，准确把握并概括出该地最具特点、最具人文精神的造型，建立城市的独特标志和象征，使作品成为城市文化积淀和传承的重要载体（图 2-34、图 2-35）。

图 2-34　中国京剧文化雕塑

图 2-35　武汉江滩码头文化雕塑

小／贴／士

中西雕塑的区别

西方雕塑与中国雕塑存在区别主要有两个原因。首先，社会公众对雕塑从业人员的认知就有本质上的区别。在西方，雕塑从业人员被称为雕塑家，他们与画家一样被看作一个群体；而在中国，雕塑从业人员被称为工匠，他们社会地位低下，只被当作普通从业人员，甚至是粗工。伴随着西方雕塑的流入，雕塑被列为美术的重要组成部分，中国的雕塑从业人员才逐渐被认同，地位才得以提升。

其次，从实践层面来讲，在近代，尽管中国雕塑工匠与西方雕塑家在创作形式上极为相似，但是两者肩负的社会责任大相径庭。在中国，雕塑从业人员仍然是传统社会分工中的一员，其主要职责是为寺庙建造塑像、为建筑雕刻石头。一方面，他们没有独立自由的创作空间；另一方面，从表现对象、作品所处空间等方面来讲，他们的作品缺少介入社会现实的能力。而在西方，雕塑家在工作室自由创作雕塑，他们能借助作品表达自己对社会的观察，作品力量丝毫不弱于同时代的画家。雕塑家可以接受各方定件、从中获利，其作品则可以进入各种现代社会的公共空间（比如广场、街头、公园），自然会引起公众关注。

第四节　案例分析

一、购物广场内的人物雕塑作品

如图 2-36 所示，人物雕塑作品位于购物广场内的中心部位，不锈钢材质的雕塑配以鲜艳的颜色，引人注目。

如图 2-37 所示，该雕塑截取小孩和小狗玩耍的瞬间，动作生动，充满童趣，可以调节公众的心理，让公众得到放松，购物欲望也会得到增强。如图 2-38 所示，小孩在玩耍，背包的父亲在为孩子拍照留念，身后的购物袋有不同的颜色，间接说明购物广场物品的多样性。这温馨的一幕就是购物广场经常出现的画面。

如图 2-39 所示，时尚的女性雕塑与广场的氛围极为融洽，从远处看，灵动的姿态与真人无异。

如图 2-40、图 2-41 所示，该座女性雕塑更为显眼，鲜红色的连衣裙，细长的高跟鞋，飘逸的长发，匀称的身材，很好地代表了购物广场的大多数时尚女性，手部的挎包小巧精致，整座雕塑生动自然。

如图 2-42、图 2-43 所示，该座雕塑以购物广场内时尚的青年形象为样本，

图 2-36　购物广场内中心部位的人物雕塑作品

图 2-37　小孩和小狗玩耍的瞬间　　　图 2-38　父亲背着孩子的包在拍照留念　　　图 2-39　时尚的女性雕塑

图 2-40 鲜红色的连衣裙

图 2-42 青年形象

图 2-41 手部的挎包

图 2-43 戴着耳机随意的姿态

包、帽子、衣服、鞋子都选取鲜艳的颜色，以达到引人注意的目的。青年戴着耳机，随意的姿态为广场内注入了活力，该雕塑作为大量青年形象的代表，侧面说明购物广场内的氛围舒适愉悦。

二、购物街的人物雕塑作品

如图 2-44、图 2-45 所示，购物街的人物雕塑作品位于一个商场外，共六个人物，颜色多样，造型各异。这些雕塑吸引人们的目光，仿佛告诉人们购物对外貌的巨大影响力。

如图 2-46、图 2-47 所示，其中的女性雕塑穿着时尚，手里提着购物袋，彰显了很多女性购物时愉悦的姿态。

如图 2-48、图 2-49 所示，其中的男性雕塑穿着西装外套，时尚且很有品位，生动的动作表达了购物时的愉快心情。

如图 2-50、图 2-51 所示，该雕塑作品人物表情都一样，衣着部分却不同，意在向人们说明衣服对人外貌的影响，侧面体现了购物的重要性。虽然整体人物的细节比较简单，但线条流畅，有很强的时尚感。

图 2-44　人物雕塑作品正面

图 2-48　男性雕塑

图 2-45　人物雕塑作品侧面

图 2-49　西装外套

图 2-46　穿着时尚

图 2-50　人物表情一样

图 2-47　购物袋

图 2-51　线条流畅

思考与练习

1. 环境雕塑的多学科性表现在哪些方面?

2. 简述环境雕塑的公共性。

3. 环境雕塑按形式分为哪几种类型, 按功能分为哪几种类型?

4. 简述环境雕塑的作用, 并举例说明。

5. 观察身边的环境雕塑作品, 分析其一般出现在环境中的哪些位置, 举例说明环境雕塑给
　 人的感受。

6. 查阅相关资料, 简述中国雕塑作品与西方雕塑作品的差异及其原因。

第三章

环境雕塑的发展历史

学习难度：★ ★ ☆ ☆ ☆

重点概念：中国雕塑、西方雕塑、现代趋势

章节导读

　　雕塑是人类历史上伟大的艺术形式之一。一方面，雕塑与人类文明相伴而生，自旧石器时期远古先民打制石质工具之时，便开启了雕塑的历史；另一方面，雕塑是少有的能够禁受时间的考验并承载文化内涵的造型艺术。从形态上分类，雕塑大致可以分为传统雕塑和现代雕塑两类。这种分类方法体现了雕塑在历史上的发展，二者在雕塑的概念和文化意义上有所差异。传统雕塑是以一定的物质材料（如石、木、青铜等），采用雕、刻、焊等手段，在实际的三维空间内占据一定的位置，塑造可观的静态艺术形象的艺术门类。随着西方文化和艺术的发展，雕塑的概念和范围得以拓展。现代雕塑不再仅仅是三维的，它也可以是二维的或四维的。雕塑可以是通过一定手段制作的成品，也可以是无须加工的现成品，尤其是装饰性雕塑的产生将雕塑的概念进一步扩大（图3-1）。

图 3-1　陶瓷雕塑

第一节
中国雕塑发展史

早在公元前 4000 年以前，中国就出现了雕塑作品。已知最早的雕塑作品是发现于河南省新密市莪沟的一件小型人头陶像，是距今 7000 余年的裴李岗文化遗产。原始社会所使用的石器和陶器被认为是中国雕塑艺术的发端，也是中国雕塑走向多元化以及多样性发展的重要基础。而我国雕塑艺术的正式发展始于隋唐时期，当时的雕塑艺术在形式上与前代相比较为相近，但在制作工艺上有了一定的发展。雕塑技术的进步体现在材料的运用上，这一时期雕塑材料已经不再局限于传统的石料、木料以及陶瓷，而开始大量使用夹苎、铸铜等材料。在宋、辽、金时期，中国的雕塑艺术又有了新的发展。此时的雕塑艺术在创作手法上更加趋于写实，内容呈现出世俗化和生活化的特点，带给人们强烈的生活气息。此外，这一时期的雕塑艺术制作工艺更加精湛，对新材料的运用也更加成熟，出现了一大批较有影响力的作品。

一、史前雕塑

新石器时代的雕塑作品主要是人和各类动物形象。这类作品以陶塑居多，也有少量石、玉等材料的雕刻，有的是独立的雕塑作品，有的则是附加于器物盖或口沿、肩部的装饰物。这些作品普遍分布于仰韶文化、马家窑文化、龙山文化、红山文化、河姆渡文化、大溪文化等南北各地古文化遗址之中。中原和西北地区发现的一些人头形作品，以捏塑、贴塑和锥刺等手法制作而成，有的加彩绘，开始了塑绘相结合的传统。大型泥塑作品出现在红山文化遗址。在辽宁牛河梁祭祀遗址发现有相当于真人头大小的女神残头像，面敷红彩，眼嵌青色玉片，神庙内还有一些大小不等的塑像。从一些残迹推知，最大的塑像约为真人的3倍大小。最大的塑像体内以木架支撑，内外泥层有粗细之别，这表明5000年前，人们已初步掌握了塑造大型泥塑的技能。除人像之外，在辽宁牛河梁祭祀遗址还发现了形体很大的猪、龙与禽鸟等形象的雕塑作品。这些作品作为人类早期艺术的重要形式，无论在艺术史上，还是在人类的发展史上，都具有极其重要的地位。

二、古代雕塑

1. 商周时期的雕塑

商、西周、春秋、战国时代的雕塑作品主要是具有雕塑性质的青铜礼器，以人和动物或神异动物形象铸为器形。在当时的贵族生活中，这类雕塑具有重要的政治、宗教、礼仪的意义，而不同时代的雕塑又具有不同的时代特征。商代作品大多富于神秘、威慑的色彩，表现的是神化了的人与兽，如湖南出土的人面方鼎上的浮雕人面、虎食人卣、象尊、豕尊等。西周以后，雕塑风格趋于写实，现实的、理性的因素有所增长（图3-2），出现刖刑奴隶守门鬲、鸭尊、驹尊等作品。春秋、战国时期，雕塑风格转向繁缛华美，追求装饰性，如

山西浑源出土的牺尊。陕西兴平出土的犀尊则表现了高超的写实技巧。犀牛的躯体特征、动态，以及雕塑的体量感都得到了充分的表现。还有一些青铜作品不是礼器而是以人或动物形态制作的器物支架或底座、灯座、车马器等，人与动物的动态得到了更为生动的表现，如河南洛阳金村东周墓所出土的人形器座、河北平山中山国墓出土的虎噬鹿器座。

湖北随县曾侯乙墓出土的6个钟铜人，均作武士装束，有彩绘，为战国时期人物雕塑的代表性作品。陕西宝鸡国墓出土的大批玉器是西周玉雕的代表性作品。河南安阳殷墟遗址出土的商代陶塑奴隶形象，皆盘发戴枷。商周时期的大型雕塑作品，如四川广汉市三星堆遗址的青铜人物立像和数十具青铜人头像、人面像，为古代巴蜀文化的遗存。

四羊方尊，商朝晚期青铜礼器，祭祀用品，是中国仍存商代青铜方尊中最大的一件。四羊方尊边长为52.4厘米，高为58.3厘米，重达34.5千克，长颈，高圈足，颈部高耸，四边装饰有蕉叶纹、三角夔纹和兽面纹，尊的中部是器物的重心所在，

图3-2 西周晚期青铜鼎

四羊方尊被史学界称为"臻于极致的青铜典范"。

47

尊四角各塑一羊，肩部四角是 4 个卷角羊头，羊头与羊颈伸出器外，羊身与羊腿附着于尊腹部及圈足上。据考古学者分析，四羊方尊是用两次分铸技术铸造的，即先将羊角与羊头单个铸好，然后将其分别配置在外范内，再进行整体浇铸。整个器物用范铸法浇铸，一气呵成，鬼斧神工，显示了高超的铸造水平，被史学界称为"臻于极致的青铜典范"，为十大传世国宝之一（图 3-3、图 3-4）。

图 3-3　四羊方尊

图 3-4　羊头

青铜器铸造过程

中国古代铜器最初使用自然铜，商代早期已能用火炼制铜锡合金的青铜器铸制品。目前，中国古代青铜器的制作方法以范铸法居多，少量结构复杂、纹饰繁缛的青铜器也用失蜡法、铸合法、焊接法等。不同的制作方法在器物上会留下不同的痕迹。

1. 范铸法

范铸法又称块范法，制作流程大致分为制模、制范、浇注和修整四个步骤。根据我国古代青铜冶炼遗址发掘出的实物，再结合青铜器的外形分析，古代青铜器绝大部分是采用范铸法制作的。制模，亦称为"母范"，原料可选用陶或木等材料。制范，亦要选用和制备适当的泥料，一般来说，范的黏土含量多，芯含砂量多且砂的颗粒较粗，在黏土和砂中还拌有植物质（比如草木屑），以减少收缩，利于透气。浇注是将已焙烧的且组合好的范趁热浇注。铸件去陶范后，还要进行修整，经过锤击、锯锉、錾凿及打磨，削去多余的铜块、毛刺、飞边，这样才完成制作。

2. 失蜡法

失蜡法指用容易熔化的材料，比如黄蜡、动物油等制成欲铸器物的蜡模，然后在蜡模表面用细泥浆浇淋，在蜡模表面形成一层泥壳，然

小／贴／士

后在泥壳表面涂上耐火材料，使之硬化即做成铸型，最后再烘烤此型模，使蜡油熔化流出，从而形成型腔，再向型腔内浇铸铜液，凝固冷却后即得无范痕、光洁精密的铸件。用失蜡法铸造的青铜器，通常会在器物表面遗留大小不等的砂眼，一方面或因材质不纯，另一方面是因为整模铸造，模体严实没有发泄孔，铜液灌注不到。

3. 铸合法、焊接法

铸合法、焊接法是指青铜器物的器体及其附件，如耳、足、柱等，分开铸造，或一件青铜器物整体不是一次浇铸完成的，而是分别铸成的，并用连接方法使之连为一体，而连接则主要有铸合法和焊接法。在长期的青铜器制造过程中，古人不断提高青铜器的艺术水平，制作工艺也日趋精湛，许多大型的、工艺复杂的青铜器需要分段制作后进行整体组装，所以铸合法、焊接法等新的工艺方法就产生了。

2. 秦代的雕塑

秦统一六国以后，曾收缴天下兵器，聚于咸阳，销毁后铸成 12 个金人，各重千石，为现有记载的最早的大型金属雕塑。1974 年在陕西临潼秦始皇陵以东发现的兵马俑雕塑群，共有 7000 余件，与真人、真马等大，分置于 3 个坑中。最大的一个坑总面积约为 12600 平方米，列置于其间的 6000 兵马俑以战车、步卒相间排列为长方形军阵（图 3-5、图 3-6）。秦俑雕塑群以巨大的体量和数量、群体的组合、气宇轩昂的形象，形成震撼人心的艺术感染力。人物和车马的塑造力求真实反映生活，发式、服装的很多细节表现得非常具体，军士佩戴的兵器为实物。塑造的基本方法是将模制与手塑相结合，入窑烧制后再加彩绘。秦陵兵马俑气势恢宏的场面，高大威猛的气势，至今都堪称雕塑艺术史上的精品和典范。秦代雕塑以陵墓雕塑为主，风格上追求朴实厚重、气势宏大的精神风貌。这是当时封建社会发展初期时代进步的一种直接表现。

秦陵兵马俑场面宏大，威风凛凛，队列整齐，展现了秦军的编制、武器的装备和古代战争的阵法。

图 3-5　兵马俑

图 3-6　铜马车

兵马俑制作工艺

兵马俑多采用陶冶烧制的方法制成，先用陶模做出初胎，再覆盖一层细泥进行加工、刻画、加彩，有的先烧后接，有的先接再烧，火候均匀，色泽单纯，硬度很高。每一道工序都有不同的分工，都有一套严格的工作系统。当初的兵马俑都有鲜艳和谐的彩绘，发掘过程中发现有的陶俑刚出土时局部还保留着鲜艳的颜色，但是出土后由于被氧化，颜色不到十秒钟便消失殆尽，化作白灰。现在人们能看到的只是残留的彩绘痕迹。

小贴士

3. 汉代的雕塑

秦兵马俑的格局为西汉以后所承袭，汉代的帝陵没有发掘，已发现的汉代官吏、将军墓葬有陕西咸阳杨家湾的西汉墓，内有庞大的兵马俑群。江苏徐州狮子山出土的汉初某代楚王墓的随葬俑群形制与之相近，而数量更多。甘肃武威雷台东汉末张君将军夫妇墓出土近百件青铜车马仪仗俑，其中的铜奔马，表现一匹飞奔的骏马，一后蹄踩住一只展翼飞翔的鸟，造型完美，具有丰富的艺术想象力。汉代各类材料制作的俑，更进一步反映了现实生活。山东济南无影山出土的舞乐杂伎陶俑群，手法自由，神态生动。一些表现宫廷侍女形象的女俑，表情端庄矜持，它展现出的内在性情，是前所未有的。

西汉大型雕刻的代表作是霍去病墓的16件动物石刻。作为将军生前为国立功的战场——祁连山的象征，墓上散置野兽和神怪形象，与自然环境融为一体，洋溢着生命力。这些作品雕刻手法异常简练，利用了石材的自然形态，略加雕凿，便生动地呈现出不同动物的神态。其中马踏匈奴石刻具有象征意义，作品歌颂了霍去病的历史战功，刻画了古战场的典型时刻。此作品粗犷大气，轮廓线刚劲有力，人物和战马的形象朴实简单、形象生动，具有丰富的艺术表现力和高度的艺术概括力（图3-7）。

汉代雕塑不仅继承了秦代雕塑气势恢宏的风格，还更加突出了雕塑作品雄伟刚健的艺术个性。这一时期的陵墓雕塑已经发展成为地上陵墓装饰雕塑。大型纪念性石雕的出现是汉代雕塑最主要的特点。汉代经济繁荣，良好的社会环境也表现在这一时期的雕塑艺术中。这一时期的作品多呈现简洁明快的手法和粗犷朴实的风格，陵墓雕塑不仅歌颂了英雄的丰功伟绩，也表现出气势磅礴的场面（图3-8）。

4. 魏晋南北朝时期的雕塑

这一时期佛教的兴盛刺激了大规模的营造石窟寺的活动。敦煌石窟、云冈石窟（图3-9、图3-10）、龙门石窟（图3-11）、麦积山石窟（图3-12）等均开

图 3-7　马踏匈奴

图 3-10　云冈石窟近景

图 3-8　东汉石俑李冰石像

图 3-11　龙门石窟

图 3-9　云冈石窟内部

图 3-12　麦积山石窟

凿于这一时期。营造石窟风气以北魏为最盛。北朝营造的石窟广泛分布于山西、河南、甘肃等地区，南朝石窟则仅存南京栖霞山一处。这一时期造窟工程是以皇室或勋臣贵戚名义，动用国家资金和营建力量兴建的，工程浩大、宏伟。其中云冈石窟昙曜五窟的大佛、龙门石窟古阳洞的群龛，都代表了北魏盛期的雕刻水平和艺术风貌。5 世纪末，北魏孝文帝太和改制以后，从典章制度到审美风尚均受到南朝汉族文化的影响，石窟造像也开始脱出早期的影响，而形成褒衣博带、秀骨清像的新风格。石窟寺雕刻艺术样式风格的变化也直接影响了同时期为寺庙供养而雕塑的单体造像和造像碑、金铜佛造像。东晋时期著名的佛教造像雕塑家有戴逵、戴颙父子，他们以首创夹造像和善于权衡大型造像的比例关系而著称。

南北朝时期另一类大型石雕是陵墓地面石刻群，存世的作品主要是分布于南京及其附近地区的宋、齐、梁、陈四代帝王及王侯陵墓的 31 处石雕群。石雕群的组合关系为成对的石兽、石柱与石碑。北朝陵前石雕遭后世破坏，仅存个别文吏残像。北魏以后随葬俑群，主要包括镇墓俑与镇墓兽、出行仪仗、奴婢和伎乐等，其造型早期粗犷，北魏太和以后趋向清瘦修长，到北朝晚期又转向丰圆，其审美趋向的变化大体与石窟寺造像的变化相一致。

为什么中国古代名人雕塑少而且不写实

小 / 贴 / 士

中国的古代人物雕塑主要是石窟，也就是佛造像。石像一般都是和尚一类为传教而作，比如由僧人赵智凤主持雕刻的重庆大足的宝顶山石刻。帝王一般不塑像，因为天子必须保持神秘感。由于受到宗教理念的影响，佛造像中人物的性征通常被处理得很模糊。和西方追求肉体的真实感不同，佛像会给人一种不够写实的感觉。但是为了让佛像给人飘逸或庄重的感觉，中国古代雕塑在衣纹、莲座、头饰等的处理上非常详细，或者说"写实"。中国古代名人雕塑少而且不写实的原因有以下 6 点。

①使用的材料有限。中原适合雕塑的石头并不多，主要是陶和瓷制品，古代没有那么高超的工艺去做到细节转折。

②习俗原因。首先，写实不是中国艺术的天赋所在；其次，偏写实的雕像大多是随葬品（比如著名的兵马俑、唐三彩等），民间向来不会大规模陈列。

③创作目的不同。偏写实类造像多用于宗教，而且有严格制式，且多半不会用于凡人题材。

④材料费用过高。工笔画、宫廷画是记录的主要方式，可以理解为纸媒体或绢、帛等绘画媒体，远比希腊、罗马出现得早。雕像成本极高，并没有得到推崇。

⑤其他纪念名人的方式存在。记录名人的传统是诗词歌赋，或者

祭祀。而雕塑过于表象，文人注重精神层次的交流，不符合大多数人的文化传统习惯。

⑥具象雕塑规模小。明清后期也有具象雕塑，比如泥人张，不过多半规模较小，民用，反映故事神怪，还有随身祭祀一类。

石窟造像在材料上主要采用石料、木料、泥土以及铜等。作品经历了不同时期的重修、扩建以及增补，数量不断扩大，形成颇具规模的石窟雕塑群，为世人所称叹。石窟造像不仅是我国宗教艺术的主要表现形式，同时也是中国雕塑史上一个亮点。在建造石窟造像的过程中，产生了一大批优秀的雕塑家，东晋的戴逵就是其中的代表人物，其创作的五方佛像与顾恺之的《维摩诘示疾图》壁画和狮子国（今斯里兰卡）所赠的白玉佛像共同被称为"瓦官寺三绝"。这一时期的雕塑艺术以宗教题材为主要内容，人物细部刻画生动，说明这一时期的雕塑技法有了新的进展。虽是宗教题材，但表现内容上有一定的夸张效果，人物面部饱满、姿态自然，也为后世的雕塑艺术发展提供了参考。

东晋雕塑家戴逵

小贴士

戴逵，东晋著名画家、雕塑家。他富有巧艺，擅长绘画、弹琴，更擅长雕刻及铸造佛像。他在造一丈六尺高的无量寿佛木像及菩萨像的过程中，为了创造新的样式，他暗暗坐在帷帐中倾听群众议论，根据大家的褒贬，加以研究，积思三年才完成。由此可见戴逵是首位创造了中国式佛像的艺术家，是脱胎漆器的创始者。他还首创了夹纻漆像，把漆工艺的技术运用到雕塑方面。

5. 隋唐时期的雕塑

北朝晚期的东魏、西魏和北齐、北周晚期是雕刻艺术发展中的过渡阶段，历经隋、初唐，至高宗、武后以及玄宗时期，达到中国雕塑的鼎盛时期，安史之乱后衰落。会昌五年，武宗卜令毁寺庙、销铜像，佛教雕塑受到空前毁坏。此后，终唐之世不再有大规模的建造石窟活动。唐代雕刻艺术的成就首先表现在石窟艺术方面。早期一些重要的石窟，唐代都陆续开始大规模的开凿。宗教艺术中的佛教造像，乐山大佛（图3-13）、卢舍那大佛（图

3-14）、敦煌石窟佛教造像（图3-15）等都是这一时期的典型代表。隋唐时期，佛教造像较前代风格更加多样化，雕塑作品典雅凝重，制作手法和工艺也都更加纯熟，无不表现出盛世的繁荣景象。

唐代陵墓雕刻群主要集中于陕西关中地区，共有19位皇帝的18座陵墓和陪葬墓。其中有14座陵墓借山势以增强整体布局的宏大气势，是雕刻群与自然环境有机结合的成功范例。唐代盛期还曾在都城建造了纪念性雕刻。如武则天在洛阳以铜铁材料铸造的天枢纪念柱，立体部分高达百尺，四周有石狮、麒麟环绕。俑类作品在隋唐时期也达到新的艺术高度。制作材料有泥、木、瓷、石等，以黄、褐、蓝、绿等釉色烧制而成的三彩俑数量众多，能够代表当时俑类作品最高的塑造水平。唐代著名雕塑家杨惠之，以塑造具体人物达

图3-13　乐山大佛

图3-14　卢舍那大佛

图3-15　敦煌石窟佛教造像

宗教建筑和雕塑

　　宗教艺术就是为了让人在其面前有敬畏感、渺小感、崇拜感，从而对神敬畏，在精神上完全服从。比如法国巴黎圣母院为典型的哥特式建筑，高大宏伟，巨大的穹顶和深远的长廊，让置身其中的人产生渺小的感觉，从而感受到上帝的威严。但中国的宗教比较去神秘化，这可能和儒教的影响有关，中国人对神的诉求是世俗的、功利的，所以不能靠威严的形象来吸引教徒，所以中国的佛像和寺院一般比较亲民。但是，在一些宗教文化浓厚的地方，雕塑形象也仍然努力塑造一种庄严肃穆、不可轻慢的形象。

小贴士

到传神地步而著称。

6.宋、辽、金时期的雕塑

　　五代时期的雕塑作品保存下来的较少，比较重要的有山西平遥镇国寺的一组彩塑佛教造像，前蜀王建墓的王建像和刻有浮雕伎乐、抬棺神将的石棺，南唐钦、顺二陵的190件陶俑。五代时期的雕塑代表了晚唐以来过渡时期的艺术风格。宋、辽、金时期的雕塑艺术出现了不同于前代的风格特征，也产生了部分有影响的作品。这一时期的雕塑进一步生活化和世俗化，创作手法更趋于写实，材料更加多样，制作工艺也进一步提高。

　　这一时期的雕塑可分为宗教雕塑、陵墓雕塑和手工艺雕塑三大类。自五代以来，开窟造像的风气在中原地区逐渐沉寂，但在西部地区依然保持相当规模，尤其是在陕北和重庆两地。陕北石窟分散于各地，数量较多，带有鲜明的时代和地域特色。佛像造像手法简练，菩萨雕像一反前代的庄重威严，具有亲切平易的风度，如延安清凉山万佛洞石窟内的菩萨像（图3-16）。重庆地区的宋代佛教雕像主要集中在大足的北山和宝顶山，其中尤以宝顶山的窟龛群最为出彩（图3-17）。佛像造像的内容主要有佛涅槃经变、佛本生经变、佛报恩经和父母恩重经变、阿弥陀西方净土变、地狱变以及牧牛道场等，情节繁复，故事性和戏剧性浓厚，刻画生动细致，如"地狱变相"中的一个养鸡妇女大足石刻，完全是依据现实生活而创作的（图3-18）。宋代的市民经济刺激了城市中的佛寺建筑和寺庙造像的发展。寺庙祠堂内设置的雕像以木雕、泥塑为主。山东长清灵岩寺内有40尊题记为北宋时期的罗汉像，塑造得极为逼真，被梁启超誉为"海内第一名塑"（图3-19）。祠堂性质的雕塑造像以山西晋祠彩塑最为出色，共有塑像43尊，姿态各异，栩栩如生（图3-20）。

图 3-16 清凉山万佛洞石窟内的菩萨像

图 3-19 灵岩寺罗汉像

图 3-17 宝顶山的窟龛群

图 3-20 山西晋祠彩塑

图 3-18 养鸡妇女大足石刻

宋代帝王陵墓形式基本沿袭唐代乾陵，但规模相对较小，陵墓雕塑的风格与前代相比有明显的写实倾向，更注重局部细节的刻画。比较有代表性的宋太祖永昌陵是前期制度的典范，其雕像群中的大象是新出现的形象（图 3-21）。北宋中期的宋仁宗永昭陵，其人物雕刻比较修长，文臣武将比较纤弱，而后期的作品则有些粗糙（图 3-22）。

在宗教雕塑和陵墓雕塑日渐衰退时，小型手工艺雕塑开始形成大观。擅长手工艺雕塑的雕塑家们采用木、竹、陶瓷、玉石和泥土等多种材料，以各种表现形式适应社会各阶层的生活习俗和欣赏要求。其中，泥塑作品赢得了更多人的喜爱，如鄜州田氏泥孩名扬天下，苏州生产的泥娃娃

图 3-21　永昌陵石刻

图 3-22　永昭陵石刻

被誉为"天下第一"。

　　辽、金等时期的雕塑艺术，保留了民族特色，同时其发展也受到宋朝雕塑的深刻影响，呈现出浓厚的世俗化倾向。辽代雕塑中的北京天宁寺塔，第 1 层塔身正面有拱门，门两侧为浮雕力士，全是晚唐风格（图 3-23）。又如房山云居寺北塔（图 3-24）和辽阳白塔（图 3-25）均在第 1

层或第 1 层和第 2 层塔身各面以及基座周围雕刻精美的佛、弟子、菩萨、护法天王或力士、飞天、法器、瑞兽等。在内蒙古巴林左旗一带，还保存有辽代开凿的洞山石窟。

　　金代佛教寺庙造像遗物比辽代多，大多在山西境内，比较重要的有造于天会年间的平遥县慈相寺的三佛塑像（图

图 3-23　北京天宁寺塔

58

图 3-24 房山县云居寺北塔

图 3-26 慈相寺三佛塑像

图 3-25 辽阳白塔

图 3-27 佛光寺文殊殿文殊菩萨

3-26），约造于天会十五年的五台县佛光寺文殊殿的文殊菩萨及侍者塑像组群（图 3-27），造于皇统三年的朔州崇福寺弥陀殿的西方三圣、弟子、护法天王塑像组群及观音殿的观音、文殊、普贤三菩萨塑像等（图 3-28）。这些塑像共同展现了金代佛教寺庙造像的风格面貌和艺术成就。

金代佛教石窟摩崖造像不多，仅陕西富县石泓寺和山西吉县挂甲山 2 处。石泓寺有大小石窟 7 座，第一窟最大，其主要开凿工程于金代完成（图 3-29）。主像为坐佛和弟子、菩萨一铺，其他大小造像 3000 多座，堪称金代石造像之大观。挂甲山有大定十九年所造的菩萨浮雕（图 3-30），还有佛像及两弟子、两菩萨浅浮雕。

图 3-28　崇福寺弥陀殿塑像

图 3-30　挂甲山菩萨浮雕

图 3-29　石泓寺石窟

图 3-31　山西晋城高都镇东岳庙塑像

　　金朝统治时期，道教中的全真教在北方发展起来，而道教的庙宇造像保存至今的只有建于大定年间的山西晋城高都镇的东岳庙。庙中天齐殿有东岳天齐仁圣帝及侍者塑像 5 尊，虽经明代重修，仍不失金塑风采（图 3-31）。相较于汉唐时期的雕塑艺术，宋、辽、金时期的雕塑艺术在造型以及精神性功能上大为逊色，但在倾向于世俗化方面，却有创新之处。

7. 元、明、清时期的雕塑

　　元代以后雕塑艺术成就突出地表现在宫廷、皇家园林的环境雕塑方面。元代宫殿建筑大多已毁，从出土的凤麒麟石雕、走龙栏板等建筑饰件，犹能看出元代雕刻富丽繁缛的特点。元代存世的重要作品居庸关云台浮雕护法天王、十方佛、千佛等石刻，杭州飞来峰密宗石刻等也都表现了共同的时代风格。元代著名的雕塑家有生于尼泊尔的阿尼哥和他的学生刘元。元代还留下了有关著作型石刻的丰富雕塑史料，这标志着民族的宗教雕刻艺术的完全成熟。就题材内容来说，元、明、清时期的石窟造像逐渐走向衰退，甚至绝迹，而寺庙造像较之前更加发达；陵墓雕刻在明、清时期依然盛行，但在造型上缺乏活力，呈现程式化趋势；手工艺雕刻继续朝着世俗化和生活化发展。另外，明、清时期的建筑装饰雕刻也极为发达。

元代统治者对宗教采取了保护政策，因此宗教雕塑在元代占有相对重要的地位，其中以杭州飞来峰元代龛像群为代表。飞来峰元代龛像群造型精致的较少，大多造型稚拙，比例失调，显现出形式化的衰退迹象（图3-32）。流传至今的元代道教雕塑主要有太原龙山道场石窟造像（图3-33）和晋城玉皇庙二十八宿泥塑像（图3-34、图3-35）。明、清时期的石窟造像的发展呈没落之势，即便存有部分作品，在艺术价值方面也不值一提。

宗教雕塑主要为寺庙彩塑和小型的木、石、金铜佛像。明代优秀造像有陕西蓝田水陆庵塑壁，山西平遥双林寺的天王、力士、罗汉、渡海观音等。清代小型金铜佛中也多有精品。明清时期的寺庙造像从题材到表现手法日趋世俗化、民间化，形成了繁缛复杂、色彩亮丽的艺术风格。明

图 3-32 飞来峰元代龛像群

图 3-34 晋城玉皇庙男性泥塑像

图 3-33 太原龙山道场石窟造像

图 3-35 晋城玉皇庙女性泥塑像

代寺庙造像以山西平遥双林寺保存得最为完整，现存 1000 多尊，最有代表性的是金刚力士像、渡海观音像、罗汉像以及众多的供养人像（图 3-36 ～图 3-38）。

清代寺庙造像的发展达到顶峰，这一时期代表性的寺庙造像有昆明筇竹寺、北京雍和宫的佛教造像和河北承德普宁寺景区内的一些造像等。昆明筇竹寺内的彩塑五百罗汉，形神各异，以写实性较强而闻名（图 3-39）；普宁寺景区造像以高 20

图 3-36　双林寺自在观音像

图 3-37　双林寺渡海观音像

图 3-38　双林寺韦陀像

图 3-39　筇竹寺内彩塑五百罗汉

图 3-40　普宁寺千手千眼佛像

余米的千手千眼佛像而闻名（图 3-40）。

　　由于丧葬习俗的不同，元代并没有出现陵墓雕刻，明、清两代建筑雕刻的精华荟萃于故宫建筑群和天坛、北海、颐和园、圆明园等皇家坛庙或园林。故宫、天安门前的华表、石狮，宫廷内主体建筑三大殿白石须弥座上浮雕云龙、云凤的望柱，圆雕的螭首，能燃香的铜龟、鹤等，都对烘托宫殿建筑的庄严、辉煌，增加局部艺术气氛起着重要作用。保和殿是此组建筑的有力结束，其后长近 17 米、宽 3 米多的下层石雕御路，浮雕着蟠龙、海水江涯与各种图案，布局宏伟，雕刻精湛，是明清石雕艺术的杰作。建于大同、北京故宫、北海的琉璃九龙照壁，故宫内的鎏金铜龙、凤、麒麟、狮、象等动物雕塑，也以不同的材质和丰富多样的造型调节着宫殿群的

气氛。明清陵墓雕刻较前代规模更大，设像更多，布置讲究，刻画精细，但失去了前代的创造活力（图 3-41）。明孝陵在明代陵墓雕刻中相对较为出彩，孝陵雕刻规模宏大，体积丰硕，造型简练，富有感染力（图 3-42）。清代的陵墓雕刻也已步入尾声，从整体上看，这一时期的雕塑作品比较粗糙，秦汉时期的体量感和精神气质已荡然无存。

　　随着城市经济的繁荣，明清时期的手工业技术得到进一步发展，产生了很多非常优秀的雕塑作品，如福建德化的瓷塑观音等。清末天津张明山的民俗题材和肖像泥塑达到很高的写实水平。流传至今的《象牙绣球》，在雕刻技艺方面几乎达到了极致。自明代始，木雕、竹雕方面名家辈出，形成金陵和嘉定两派。嘉定派创始

图 3-41　十三陵石兽

图 3-42　明孝陵石雕

于朱松邻祖孙三代，被称为"嘉定三朱"，朱家祖孙三代各种题材的作品雕刻得无一不精。同上述工艺雕刻并行的，有在民间广受欢迎的民间泥彩塑，著名的有无锡"惠山泥人"、天津"泥人张"和广东潮安的泥人等（图3-43、图3-44）。

图3-43 "泥人张"作品

图3-44 惟妙惟肖的形态

泥 人 张

小／贴／士

"泥人张"是北方流传的一派民间彩塑，创始于清代末年。"泥人张"创始人叫张明山，生于天津，家境贫寒，从小跟父亲以捏泥人为业，养家糊口。张明山心灵手巧，富于想象，时常在集市上观察各行各业的人，在戏院里看多种角色，偷偷地在袖口里捏制。他捏制出来的泥人居然个个栩栩如生，一时传为佳话。张明山继承传统的泥塑艺术，从绘画、戏曲、民间木版年画等艺术中吸收营养。经过数十年的辛勤努力，他一生中创作了一万多件作品。他因艺术风格独特而蜚声四海，广受欢迎，人们亲切地送给他一个昵称：泥人张。

泥人所用材料是含沙量低、无杂质的纯净胶泥，经风化、打浆、过滤、脱水，加以棉絮反复砸揉而成为"熟泥"，其特点是黏合性强。辅助材料还有木材、竹藤、铅丝、纸张、绢花等。完成后的作品应避免阳光直射，也不可置于炉火周围，正确的晾干方法应是自然风干。泥人彻底干燥后要入窑烘烧，温度要达700℃，出窑后经打磨、整理即可着色。现在彩塑的用色比过去有了很大的进步。过去的颜料为水粉色，覆盖力差，容易爆裂、脱落、褪色，不能长久保存。随着科技的发展，如今使用丙烯色，尽管价格较高，但覆盖力强，不爆裂，不脱落，不易褪色，干后不溶于水，因此可以用水冲洗。一件完整的泥人作品一般需要30天左右才能完成。

宋代以后，建筑装饰上出现了较多的彩绘，但具有民族传统的木雕、砖雕和石雕在建筑装饰上依然十分发达，广泛运用于宫殿、庙堂、园林建筑和民间住宅等。雕刻的内容依据建筑功能而变，包括神话传说、历史故事、动物、植物以及几何图案、吉祥图案等，大多雕制精细、色彩亮丽。元代的建筑装饰雕刻主要表现在元大都宫殿建筑上，可惜现已不复存在，但它确定了明清装饰雕刻的基本特征。明、清两代建筑保存较多，留存至今的建筑装饰雕刻多用在规模较大的建筑物上。明清时期的石雕有北京故宫太和殿三层台基云龙、云凤以及前后台阶，天安门外的华表（图3-45），明十三陵以及遍布于北方城镇的石牌坊等。这些石雕都附有花纹雕饰雕刻，多以圆雕、浮雕以及线刻等手法组合而成。砖雕和木雕则遍及全国各地，出彩者极多，如安徽亳州大关帝庙以及庙前戏楼、四川自贡的西秦会馆和广东佛山供奉有北帝神的祖庙等（图3-46、图3-47）。

图 3-45　华表石雕

图 3-46　大关帝庙砖雕

图 3-47　西秦会馆木雕

三、现代雕塑

1. 中华人民共和国成立初期

民国时期，传统雕塑日益衰落，在以"师夷之长"为目的的留学大潮中，一批抱有艺术理想的年轻人赴法国、意大利、美国等国家学习西方雕塑。他们回国以后，通过雕塑创作、创办雕塑系、译介西方雕塑文献和资料，成为现代雕塑的拓荒者，他们亦成为中国第一批雕塑家。这些年轻雕塑家凭借从国外学到的写实雕塑技法，塑造名人肖像，创作纪念碑式雕塑，使雕塑进入上层社会和城市公共空间，使西方学院派写实雕塑成为中国现代雕塑的"母体"。中华人民共和国建立初期，雕塑艺术主要吸收苏联社会主义的现实主义创作观念，这种观念以关注社会现实为艺术使命，艺术主体和表现形式都以此为创作前提。这一时期，国内出现了一大批红色经典作品，如《收租院》（图 3-48）、《艰苦岁月》（图 3-49）等。这些作品以人物雕塑为主，往往表现一种具有舞台效果的戏剧性场面。中华人民共和国建立后，中国的架上雕塑、大型纪念性雕塑、园林雕塑、城市环境雕塑、民间雕塑与大型泥塑群像等雕塑艺术都有了长足发展，如江小鹣作的《孙中山像》，王丙召作的《金田起义》等，标志着中国雕塑艺术又进入了一个全新的阶段。

图 3-48　《收租院》

图 3-49　《艰苦岁月》

《收租院》

《收租院》泥塑为中国现代大型泥塑群像，创作于1965年6月至10月，陈列于四川省大邑县刘文彩庄园。《收租院》共塑7组群像：交租、验租、风谷、过斗、算账、逼租、反抗。《收租院》于1965年至1966年间在北京复制展出，曾引起很大反响。《收租院》采用中国古代民间庙宇泥塑的传统方法，即用稻草与棉絮和泥在木扎骨架上塑成，眼睛是黑色玻璃球镶上去的。人物结构则运用西方写实雕塑的手法，造型准确，具有真实感。《收租院》泥塑是中国传统民间塑像手法与现代雕塑方法相结合的典范，从而取得了雅俗共赏的艺术效果。

2. 改革开放以来雕塑的多元化发展

改革开放以来，雕塑艺术得到空前的发展。1982年全国城市雕塑规划小组成立，对全国城市雕塑的科学发展起到了极其重要的作用。随着改革开放的深入，人们的思想得到解放，艺术逐渐多元化。

艺术家在继承传统的基础上吸收世界先进文化，以实事求是的精神讴歌时代，在尊重艺术科学发展规律的前提下与时俱进，创作了群众喜闻乐见的作品，如深圳的《开荒牛》（图3-50）、青岛的《五月风》等作品。《开荒牛》的作者潘鹤是一位多产的雕塑家，他以艺术家的敏感性创造出反映社会的不同发展时期的作品。他的《艰苦岁月》《珠海渔女》《开荒牛》以独特的形式有力地表现了时代精神。雕塑的巨大力量在于艺术性地反映时代的诉求和风采。上海的《东方之光》、山西的《九运呈祥》、浙江的《湖笔群雕》，都是以科技时代、信息时代的现代艺术语言将传统文化、传统符号和传统语言进行现代转化，达到城市建设和时代审美的和谐，成为人

图3-50 《开荒牛》雕塑

们精神生活的组成部分。

3. 新时代中国雕塑的构建与展望

在价值取向多元、西方意识形态涌进的情形下，如何坚持社会主义核心价值体系是一个根本的问题。雕塑必须倡导中国精神、中国气派、时代风格。任何文化、艺术形式的产生与时代是密不可分的。封建文化的形式是封建社会形态的载体，其中精华与糟粕共存。真正的艺术创作必须把个人灵感和艺术家的责任感、使命感结合起来。20世纪90年代后，艺术走向多元化，环境雕塑创作也呈现出百花齐放的景象。雕塑在主题和形式上都有较大的突破。抽象的表现方法逐渐得到广泛应用。雕塑材料从传统的铜、石头和水泥扩展到不锈钢、玻璃、钛合金等新材料。

20世纪90年代的纪念性雕塑采用气势恢宏、全景视角的处理方式，让观者产生参与感。代表作品有北京卢沟桥的抗日战争纪念群雕和上海"五卅"运动纪念碑（图3-51）。北京卢沟桥抗日战争纪念

群雕占地面积为22500平方米，按照中国人民抗日战争历史过程，分为"日寇侵凌""奋起救亡""抗日烽火""正义必胜"四个部分，摆放38尊直径2米、高4.3米的柱形雕塑，均重6吨，青铜铸造。群雕以国歌为主题，以中国传统碑林形式布阵，借鉴中国传统雕塑形式创作，表现了中国人民不屈不挠的民族精神和大无畏的英雄气概。随着人们审美要求的不断提升，和环境结合密切、色彩艳丽的雕塑也越来越多地走向大众。北京长安街上的《蒸蒸日上》（图3-52）、《中国风》采用不锈钢材料喷漆的手法，使城市出现了明亮的色彩，材料也从比较单一的铸铜、石头、水泥、玻璃钢延伸到不锈钢、钛合金、玻璃等，通过与现代媒体声、光、电的结合，雕塑变得丰富多彩。

同时，在主题性雕塑公园中陈列环境雕塑作品的方式也应运而生，把雕塑从室内解放到自然环境中。北京石景山雕塑公园是北京市的首座雕塑公园，占地约51

图3-51　"五卅"运动纪念碑

图3-52　《蒸蒸日上》

亩，是一座融合中国江南风格和北方特色的雕塑与园林相结合的公园。雕塑公园以收藏、展示国内外雕塑艺术品为主，是一处集雕塑艺术欣赏、研究、普及和休闲、娱乐、旅游等功能为一体的综合性园林（图3-53）。2003年在北京举办的"北京国际城市环境雕塑邀请展"，是中国举办的较高规格的环境雕塑展示活动。这些都代表中国的环境雕塑进入了一个新的发展时期。

2012年，由中国美术学院公共艺术学院与杭州市规划局承办的"2012中国杭州第四届西湖国际雕塑邀请展"在西溪湿地隆重开幕。雕塑展的展览主题为"水陆相望"。雕塑展艺术委员会定向邀请了50余位国内外著名雕塑家和艺术家参加展览作品创作，这些艺术家分别来自巴西、德国、美国、法国、克罗地亚等不同的国家。中国杭州西湖国际雕塑邀请展作为杭州市人民政府和中国美术学院共同打造的文化艺术品牌，历届作品皆与自然环境和人文景观完美融合，打造了属于中国雕塑艺术展示和交流的高端平台。

2016年，"共生共荣——2016中国雕塑邀请展"在中国国家画院美术馆开幕。此次展览是由中国国家画院主办、中国国家画院雕塑院承办的一次年度性学术邀请展，也是国家艺术基金重点资助的艺术推广项目。经过1年的筹备，展览共展出来自全国各地的101位雕塑家的113件作品（图3-54）。随着多项雕塑设计项目的展开，作为城市发展水平重要标志的环境雕塑必将更趋有序化、规范化，迎来一个新的高潮。

2017年，首届"全国雕塑艺术大展"在中国美术馆开幕，展览以20世纪以来的中国雕塑艺术为切入点，对中国美术馆馆藏及当代创作雕塑作品进行梳理、研究，以雕塑艺术作为主线索，为民族塑魂，为人民塑像，更体现出新时代的社会主义核心价值观。此次展览展出中国百年以来316位雕塑艺术家的精品之作590件，分为"砥砺铭史""塑魂立人""时代丰碑""匠心着意""多元交响""文心写意""溯源追梦"七大篇章，叙述中国百年雕塑的历史。此次展览不仅展示了中国雕塑百年历程，也展示了中国美术馆在雕塑领域收藏、典藏与学术研究的成果。

图3-53 北京石景山雕塑公园雕塑

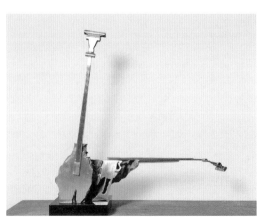

图3-54 林岗《苍木吟》

第二节
西方雕塑发展史

西方雕塑艺术发展至今已有几千年的历史，产生了大量的优秀作品。从史前雕塑到古典雕塑，再到现代雕塑，西方雕塑艺术为人类文明的发展积淀了丰富的艺术精华，它们不仅是艺术史上的典范之作，更是人类文明进程的缩影和见证。

一、史前雕塑

石器伴随着人类文明的启蒙和劳动而出现。人类创造了劳动工具——石器，这为工具转变为艺术品提供了物质前提。这些石器成为后来人类雕塑艺术的雏形。史前雕塑成为人类文明史和艺术史上浓墨重彩的一笔，它不仅包含了早期文明的特色，更是那个时代的见证。索尔兹伯里的巨石阵，是史前雕塑的代表作，它位于今天距英国伦敦120多公里的一个小村庄阿姆斯伯里，建造年代约为公元前4000年至公元前2000年。这个巨石阵呈环形围绕在绿野之中，极富神秘色彩，如今是当地著名的旅游景点，也是世界上著名的史前遗迹之一（图3-55、图3-56）。

图3-55 巨石阵

图3-56 巨石阵俯视图

索尔兹伯里巨石阵

小贴士

石阵的主体是由一根根巨大的石柱排列成几个完整的同心圆。石阵的外围是直径约90米的环形土岗和沟。沟是从天然的石灰土壤里挖出来的，挖出的土方正好作为土岗的材料。紧靠土岗的内侧由56个等距离的坑构成一个圆，坑用灰土填满，里面还夹杂着人类的骨灰。巨石阵最壮观的部分是石阵中心的砂岩阵。它由30根石柱上架着横梁，彼此之间用榫头、榫根相连，形成一个封闭的圆阵。其中，排列成马蹄形的巨石位于整个巨石阵的中心线上，马蹄形的开口正对着仲夏日出的方向。巨石阵的东北侧有一条通道，在通道的中轴线上竖立着一块完整的砂岩巨石，高为4.9米，重约35吨，被称为"脚跟石"。每年冬至和夏至从巨石阵的中心远望"脚跟石"，日出隐没在"脚跟石"的背后，增添了巨石阵的神秘色彩。

从现在看来，巨石阵的建筑规模和工程难度对于早期人类来说，简直是不可思议的。它的建成比埃及最古老的金字塔还要早700年，然而究竟是谁建造了这雄伟的巨石阵，现在尚未得到考证。

二、古典雕塑

1. 原始时期

西方雕塑发源于古希腊、古罗马时期，古希腊的早期雕塑又深受古埃及雕塑的影响。

约公元前4000年，古埃及的雕塑艺术伴随着古埃及的早期建筑出现了。当时的雕塑还是建筑的附属物，艺术用于装饰的思想开始萌芽。在这个过程中，早期雕塑发展受到众多的神话故事和宗教信仰的深刻影响。艺术为上层统治者服务，古埃及的雕塑艺术服务于法老政权和少数奴隶主贵族（图3-57）。当时的雕塑主要以陵墓雕塑、宗教雕塑以及纪念性雕塑为主。金字塔就是这一时期古埃及文明的典型代表。胡夫金字塔是迄今发现的最大的一座金字塔，原高度为146.5米，由于自然风化，如今的高度降为137.18米。在这座法老的陵墓前，是一座巨大的狮身人面像，它由一整块岩石雕刻而成（图3-58）。这种神、人、兽三位一体的处理手法与当时的宗教图腾有着深刻的联系，代表了这一时期雕塑的艺术特色。古埃及的雕塑在历史的演变中达到了难以企及的高度，成为了西方雕塑史上的重要起点。

如果说古埃及的雕塑还仅限于满足上层法老政权和奴隶主的审美需求，那么古希腊时期雕塑的价值则是体现理想社会之中艺术的真实美。古希腊的奴隶制度较古埃及时期有所不同，人们更关注民主和自由，艺术也开始获得良好的发展。古希腊雕塑的题材一方面取自神话故事，另一方

图3-57　金字塔前的法老雕塑

图3-58　狮身人面像

面则是表达现世生活的欢乐以及对人体美的外在表达等。在公元前 6 世纪以后的几百年内，古希腊的雕塑艺术获得了长足的发展。这一时期文化、艺术、科学、教育等多个领域相互影响，名家辈出。

古希腊的雕塑根据艺术风格和发展脉络可大致划分为古风时期、古典时期以及希腊化时期。

（1）古风时期。

从这一时期，古希腊人开始使用大理石进行雕刻，艺术家开始关注人体的完美比例以及运动姿态，从运动中发掘人体的静态美。从一些人像雕塑作品可以看出，此时的人物神态具有明显的东方神韵，人像面部通常带有一种永恒的微笑，被称作"古风的微笑"。

（2）古典时期。

这一时期又比古风时期有了进一步的创新，艺术家更加强调塑造人物的个性和情感，"古风的微笑"已经悄然消失了。

米隆就是这一时期最著名的雕塑家之一，《掷铁饼者》是其最著名的代表作品。他的作品能明显地反映出古希腊的雕塑家们已经可以准确地塑造人物形象，表现人物的运动姿态，他们往往通过抓住运动的瞬间，打破静止的场面，从而发掘人物内心的情感变化（图 3-59）。

（3）希腊化时期。

这一时期，雕塑家的众多作品反映了雕塑艺术达到了一个新的高度。在创作技法上，艺术家们运用高度的写实技巧刻画人体的姿态以及面部表情，衣纹处理细腻，线条流畅且富有动感，无论是人体美，还是内在的心理变化，都表达得淋漓尽致，如《米洛斯的维纳斯》。这件作品由大理石雕刻而成，雕像高 2.04 米，人物形象典雅纯美，姿态迷人，被公认为是内在美与外在美和谐统一的典范之作（图 3-60）。

古罗马艺术是在古希腊艺术的基础

71

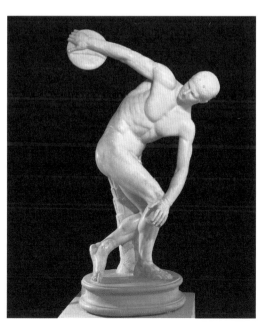

图 3-59 《掷铁饼者》

图 3-60 《米洛斯的维纳斯》

之上发展起来的，但古罗马的艺术不再有古希腊艺术中的浪漫主义色彩和幻想的成分，而是具有了写实和叙事性的特征。在雕塑艺术方面，古罗马的肖像雕塑卓有成就，这和当时社会注重为帝王歌功颂德、崇拜祖先仪容的风气有很大关系，又由于受到僧侣习俗和祭祀礼仪的影响，古罗马的雕塑便有了两种不同的风格：一种是偏重写实；另一种带有美化色彩。在一些作品中，我们还可以发现，有些帝王形象具有英雄主义色彩。如位于古罗马议会遗址前的《奥古斯都全身像》（图3-61）。无论是创作具有美化色彩的帝王将相雕塑，还是写实的人像雕塑，这一时期雕塑家们已经能很熟练地运用概括、夸张的艺术手法，形象地刻画出人物的性格特征。除人像雕塑以外，古罗马的建筑、纪念柱、广场等，还有大量的圆雕和浮雕作品，这些作品同样有着写实、直率的风格特点。古罗马推崇的写实主义风格在后世不断演变发展，成为西方写实主义雕塑的重要阶段，为西方雕塑史做出了不可磨灭的贡献。

图3-61 《奥古斯都全身像》

为什么古罗马、古希腊那些大理石雕塑的人都没有瞳孔？

小贴士

在那个时代，雕塑是用颜料上色的，头发、皮肤、衣服都有色彩。但是雕像的眼珠是画上去的或者以宝石镶嵌，由于长期受到风化等的作用，容易剥落，而后代的复制品自然也就没有瞳孔。

2. 欧洲中世纪时期

概括来讲，中世纪是指西方历史上从古罗马结束至文艺复兴之前的一段时期。在这段时期内，基督教成为最主要的统治力量，其势力笼罩了社会的各个方面。因此，中世纪艺术的重要特点便是具有浓厚的宗教色彩，因此，中世纪艺术又被称为基督教艺术。反过来，也正得益于基督教对艺术的支持，这个时期的艺术才得到了较大的发展，中世纪艺术摒弃了古典审美法则，以表现基督教题材为主要特征。在中世纪的各种艺术门类中，建筑艺术的发展最为辉煌，如罗马式教堂和哥特式教堂。这个时期的雕塑主要用于建筑装饰，既有放置在建筑外部的建筑性雕塑，又有陈列在室内的独立雕塑。巴黎圣母院内就有大量的雕塑作品，如《圣丹尼》雕像和《圣母子》雕像（图3-62、图3-63）。

3. 文艺复兴时期

文艺复兴运动表面上是古希腊、古罗马文化的一种复兴，实际上是新兴资产阶级在精神上的创新。文艺复兴运动从15世纪下半叶到16世纪盛行于欧洲许多国家，范围涉及文化、教育、文学、艺术等多个领域，是西方文化艺术史上的一个发展高峰，资产阶级推崇反封建、反宗教的运动获得了空前的发展。

文艺复兴被认为是人类历史上一次伟大的变革和思想的革命。文艺复兴时期的艺术也发生了翻天覆地的变化。这一时期，艺术形式逐渐多样化，雕塑开始摆脱依附建筑的地位独立发展。艺术家主张用科学的眼光观察世界，人生的世界被纳入艺术家描绘的范畴。宗教题材也开始有了世俗化的倾向，雕塑作品开始表达人文主义的理想。同时雕刻技法也伴随着科学技术的发展而更加先进，透视学和解剖理论的运用，使得人物形象塑造更加准确和细致。雕塑的创作重心也由单纯的人物转向更广泛的人所存在的现世生活。人物形象更富立体感和真实性，人物姿态极富动感，具有夸张的效果。

与中世纪时期的雕塑艺术相比，文艺复兴时期的雕塑作品多充满宗教的神秘氛围，面对这样的作品，人往往显得十分渺小。而文艺复兴时期的雕塑已经将人的地位提高到了一个新的层面。文艺复兴时期的雕塑艺术继承了古希腊、古罗马的雕塑传统，同时也达到了一个发展的顶峰时刻。佛罗伦萨洗礼堂的两扇青铜门上的浮雕是

图3-62　《圣丹尼》雕像

图3-63　《圣母子》雕像

这一顶峰时期的早期代表作品，作者是当时著名的雕塑家季培尔蒂（图3-64、图3-65）。

真正标志着文艺复兴雕塑艺术达到顶峰的是被称为"文艺复兴三杰"之一的米开朗基罗，其代表作有《哀悼基督》（图3-66）、《大卫》（图3-67）、《摩西》（图3-68）等。在他的作品中，人物采用写实的处理手法，同时运用人体解剖学等科学知识来塑造人物形象。即使是宗教题材的作品，其人物形态依然有一种宁静的人文主义色彩，又不乏庄重与神圣感。形态细节的雕刻使人物有很强的张力和韵律。人物的姿态能深刻地反映出人物的心理状态。同时期的其他雕塑作品中也有着同样的艺术特点。这种雕刻的艺术技巧对后世的雕塑也产生了很大的影响。

图3-64　洗礼堂东门

图3-65　洗礼堂北门

图3-66　《哀悼基督》

图 3-67　《大卫》

图 3-68　《摩西》

雅丽珊德拉·罗西半透明的雕塑《无名珊瑚》

　　雅丽珊德拉·罗西半透明的雕塑《无名珊瑚》伫立在澳大利亚海岸，与蓝天大海融为一体。这一感人的雕塑是为了海边雕塑展创作的，刻画的是一个眼帘低垂的女孩儿。海边雕塑展享有盛名，从邦迪海滩到塔玛拉玛，澳大利亚海岸线上展示了 100 多件雕塑作品。这座雕塑由意大利艺术家罗西创作。这座人像以半透明的亚克力材质通过 3D 打印技术制成，作品从下至上逐渐过渡到透明（图 3-69）。

　　远远看去，雕像表面是光滑的，但近距离审视，那些像素画的边缘又无比清晰。从远处看，人们眼中所见似乎是一个可爱的孩子，走上前去，那年轻的身影却变成了近于恐怖的机器外形。雕塑中流失的色彩是珊瑚礁白化的隐喻。而珊瑚礁白化，正是由于气候变化导致海水温度上升而形成的现象。这一问题在澳大利亚尤为严重，3000 个珊瑚礁中已有 93% 的珊瑚礁遭遇白化问题，整个大堡礁中有近四分之一的珊瑚因此死去。珊瑚白化改变了周边的生态系统，不仅对那些依赖珊瑚生存的鱼类是一场灾难，对于以鱼而生的海鸟，甚至对依靠珊瑚获得收入与食物的人类来说，这都是一场灾难。在这样的背景下，罗西的作品带给人们一个残酷的警示：那些消失的东西，往往不是那么容易找到替代的。

小／贴／士

图 3-69 《无名珊瑚》

图 3-70 《大卫》

4.封建主义向资本主义过渡时期

17 世纪，巴洛克艺术风格广为流行，它产生于意大利，却影响了整个欧洲的艺术创作。这一时期也产生了许多优秀的雕塑家，贝尔尼尼就是其中的代表，他与卡拉瓦乔同被认为是 17 世纪意大利最著名的艺术家。贝尔尼尼为意大利的王公贵族服务，创作了如《大卫》（图 3-70 ）、《阿波罗与达芙妮》（图 3-71 ）等经典作品。在他的创作中，线条处理更加夸张、复杂，这种具有动感的线条往往形象地刻画了激动人心的场面。在他为宫廷贵族创作的作品中，人物形象充满了华丽的色彩和浓烈的艺术气息，深受人们喜爱。巴洛克的雕塑艺术充满了曲线的动感和复杂，人物形象具有真实的效果。与之相对的是同时期法国的古典主义雕塑，它追求直线的简明，在这种平直的塑造中渲染宏伟大气的学院风格。

在 18 世纪的法国宫廷中，出现了另

图 3-71 《阿波罗与达芙妮》

一种艺术风格——洛可可风格，它与巴洛克风格大不相同。无论是宫廷浮雕，还是建筑中的圆雕，都增添了许多柔媚华丽的成分和浓厚的装饰意味。法尔孔奈是洛可可雕塑的主要代表人物之一，其代表作有《浴女》、《吓唬人的爱神》、《彼得大帝》（图 3-72 ）等。

图 3-72 彼得大帝

此后西方雕塑又经历了新古典主义、浪漫主义、写实主义、法国现实主义等多个阶段。现实主义雕塑的代表人物罗丹是西方雕塑史上的大师，他所创造的艺术作品代表了一个时代的高度，其代表作有《巴尔扎克像》（图3-73）、《青铜时代》、《思想者》（图3-74）、《行走的人》、《地狱之门》（图3-75）、《加莱义民》等。

图 3-73 《巴尔扎克像》

图 3-74 《思想者》

图 3-75 《地狱之门》

贝尔尼尼的《大卫》跟米开朗基罗的《大卫》有什么不同？

小贴士

米开朗基罗的《大卫》体型巨大，雄壮的造型，坚毅的表情，尺度略夸张的手脚，使整个雕塑粗犷、健壮、充满力量。贝尔尼尼的《大卫》相对比较柔美，体型也较小，为了体现瞬间的速度感和动作的爆发力，贝尔尼尼的《大卫》动作更加扭曲，摆出了机弦即将发射时的姿势。

米开朗基罗的《大卫》属于文艺复兴风格，而贝尔尼尼的《大卫》属于巴洛克风格。巴洛克风格作品的一个重要的特点就是：有意强调观看者对于作品的参与、互动，以此来调动人们的宗教激情。可以说米开朗基罗的《大卫》只包含其自身，而贝尔尼尼的《大卫》则将观看者强势地带入了作品中。

三、现代雕塑

20 世纪初，大工业化的流水线生产模式带来的机械文明不仅改变了人们的生活方式，也极大地影响了人们的思想观念。艺术家们更加注重个体的感受，表达方式更直接。各种艺术思潮如同雨后春笋般出现，开创了各种艺术形态的新面貌。这个时期的雕塑家纷纷摒弃了古典艺术的审美原则，为雕塑赋予了全新的多元化的美学阐释，雕塑的形态也呈现出多元化状态。

现代雕塑是一个兼具时间和美学意义的概念，它不是突然出现的新现象，无法以某个具体年代或具体作品来判断，但大致可以将某些代表雕塑发展趋势的雕塑家作为临界点。法国雕塑家奥古斯蒂·罗丹便是发动雕塑变革的重要人物。著名艺术理论家赫伯特·里德认为罗丹之于现代雕塑就如同塞尚之于现代绘画，显然他将罗丹视为"现代雕塑之父"。

毕加索是当代西方具有创造性和影响力的艺术家之一。他将在绘画上形成的立体主义原则运用到雕塑上，创作了标志立体主义雕塑诞生的作品——《费尔南德·奥利维尔头像》（图 3-76）。毕加索将头像体量分为多个平面，形成多平面的支架，强有力地撼动了支撑古典雕塑形象的自然结构，这种趋于抽象的单纯结构概念和构形逻辑具有开创性意义。阿基本科、杜桑·维龙和劳伦斯等雕塑家则在探索空间价值上做出了卓越贡献。尤其是阿基本科对"负空间"表现力的开发，为雕塑增添了一种新的要素，从而颠覆了"雕塑乃空间所环绕的实体"的概念。

20 世纪的雕塑流派分为立体派、表现派、未来派、构成派等，它们都是决裂于传统艺术的新形式。

小／贴／士

瑞士著名雕塑家阿尔贝托·贾科梅蒂

阿尔贝托·贾科梅蒂，瑞士超存在主义雕塑大师、画家，代表作品有《超现实表》《笼》《鼻子》等。他1901年10月10日生于博尼奥，1966年1月11日卒于库尔。贾科梅蒂早年画过素描和油画，最大的成就在雕刻方面，他的作品反映了第二次世界大战之后，普遍存在于人们心理上的恐惧与孤独。1929年，他加入超现实主义者的行列，成为其中重要的雕塑家。1935年以后，贾科梅蒂与超现实主义者决裂，转向现实主义。尤其在第二次世界大战后期，由于战火的蔓延，人民处于水深火热之中。1940年以后，他以火柴杆式细如豆芽的人物造型，象征被战火烧焦了的人，以揭示战争的罪恶，由此成为举世闻名的雕塑家。面对他的作品，我们感受到的不仅是战后人性的困境，而且是都市中个体面临的困境，在复杂的社会、政治、建筑结构中，每个人都被同一化，处于心理孤绝的状态（图3-77）。

贾科梅蒂的绝大部分绘画作品都是在1947年后完成的，正如其雕塑作品一样，反映的人类形象也是细长甚至是可怕的。他的作品中的人物形象常常被表现为直立的、打招呼的或大步行走的样子。贾科梅蒂的重要性在于作品中具有丰富的视觉和哲学源泉。他驱使自己去抓住在外部世界感觉到的瞬息即逝的幻觉，以及要完整地反映人类形象的需要。

图3-76 《费尔南德·奥利维尔头像》

图3-77 阿尔贝托·贾科梅蒂作品《指示者》

未来主义雕塑家波丘尼在 1912 年发表了著名的《未来主义雕塑的技术宣言》，宣称要"绝对和完全废除确定的线条和不要精密刻画的雕塑"。他认为雕塑用材不应仅局限于木材和石头等传统材料，还可使用玻璃、马尾、电灯和皮革等生活中一切可以利用的材料。他主张雕塑家对雕像的形式进行肢解和变形。在实践中，波丘尼开创了"运动的风格"，采用连续展开的三维形体，为雕塑引入了时间的维度，

如在《空间的连续的独特形体》中，他将一个迅速奔跑的人的不同姿态统一到一个雕塑中，这是对"运动的风格"的最佳诠释。这种风格体现了未来主义雕塑对机械文明特征——运动和速度——的崇敬（图3-78）。

构成主义对现代雕塑具有决定性影响，它弱化了雕塑的体量感，强调空间中的势，并吸收了未来主义的运动感、立体主义的拼贴技法和浮雕技法以及绝对主义的几何抽象理念，将传统雕塑的"加"和"减"转化为组构和结合。构成主义的代表雕塑家包括弗拉基米尔·塔特林、加波、佩夫斯纳等人。弗拉基米尔·塔特林主张雕塑要摒弃"再现"的意图，用形式的功能作用以及结构的合理性来代替艺术形象，他的第三国际纪念碑虽然由于技术原因未能建成，但其方案及设计模型给人留下了深刻印象。加波和莫霍利·纳吉为雕塑引入了新的要素——机械动力和光，并在波丘尼的活动雕塑的观念的基础上创造出了真正意义上的活动雕塑（图3-79、图3-80）。

图 3-78 《空间的连续的独特形体》

图 3-79 第三国际纪念碑效果图

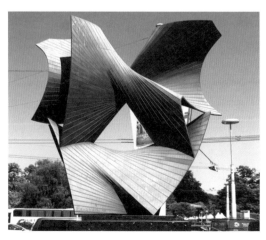

图 3-80 佩夫斯纳的雕塑作品

第三国际纪念碑

小
/
贴
/
士

1919 年初，塔特林接受委托，设计一座纪念十月革命的纪念碑。他于 1919 年底完成了这项设计。当时，第三国际刚刚宣告成立，他便将设计命名为"第三国际纪念碑"。按照塔特林的设计，这座 400 米高的纪念"塔"将是一个用钢铁制造的两股相互交错的格架式螺旋体的空间结构组成的形体，在螺旋钢架的内部悬挂着三个玻璃几何体。塔特林以巨大的尺度来表现革命的崇高志向，以倾斜式的大胆构图来表现巨大的动感，使得整座纪念碑仿佛具有了冲破地心引力的宏伟气势。其中材料的运用也被赋予了某种内涵，如钢铁象征着无产阶级坚强的意志，玻璃则象征着无产阶级纯洁的情感。塔特林将各种知识素材（如点、线、面）和物质素材（如钢铁、玻璃等）视为同等重要的素材。正如塔特林所说："通过这些重要的基本材料的结合，表达了一种紧凑而壮丽的简单性，同时也表达了一种关系，因为这两种材料都生于火，形成了现代艺术的要素。"

第三国际纪念碑作为集绘画、雕塑、建筑于一体的艺术形式，融合了理想、实用与纪念的主题。主体由自下而上渐渐收缩的螺旋钢架围绕一个倾斜的中轴构成，钢架为赤红色，异形玻璃在碑身内部隔成几个可供集会、演讲的空间，四块平台以一年、一月、一天和一小时的节奏分速旋转。该纪念碑的意义已经超出了物质层面，它的完成也体现了对共产主义理想的追求。

杜尚，达达主义艺术家，他引入了装置艺术的形式，雕塑与装置的复杂关系便由此开启。超现实主义承接达达主义而来，它主要受到弗洛伊德潜意识学说的影响，强调无意识的随意性。阿尔普、冈萨雷斯、亨利·摩尔和贾科梅蒂是具有超现实主义特征的雕塑家。阿尔普迷恋生动的、充满情感的曲线，他多采用抽象的形象，冈萨雷斯擅长将金属材料焊接成各种超现实的形象。亨利·摩尔是英国最重要的雕塑家，他对雕塑有着自己独特的见解，如有关雕塑创作的五条定义：一是对材料的真诚；二是空间三维的充分实现；三是对自然的观察力；四是想象与表达；五是生命力与表现力。这五条定义也是对他的作品最好的诠释，其作品多以人体为表现对象，都与外在环境融为一体，且都表现出强大的生命力。贾科梅蒂受到存在主义哲学和超现实主义的影响，将自己的生命体验融入艺术形式的探索中，他舍弃了传统雕像的块面和体量观念，以线作为人体的基本造型元素，塑造出瘦长、憔悴、幽灵般的人体，人像表面斑驳不平的肌理就仿佛满布的伤痕，给人的视觉和心理造成强烈的冲击（图3-81、图3-82）。

图3-81 亨利·摩尔作品《斜躺的人》

图3-82 亨利·摩尔作品《王与后》

小 / 贴 / 士

世界十大雕塑

1.《掷铁饼者》

《掷铁饼者》高约1.52米，罗马国立博物馆、梵蒂冈博物馆、特尔梅博物馆均有收藏，由米隆作于约公元前450年。原作已佚，现为复制品。雕像选取运动员投掷铁饼过程中的瞬间动作，即铁饼出手前一系列动作中的暂时恒定状态：运动员右手握铁饼摆到最高点，全身重心落在右脚上，左脚趾反贴地面，膝部弯曲成钝角，整个形体有一种紧张的爆发力和弹力的感觉，然而在整体结构处理以及头部的表情上，却给人以沉着平稳的印象，这正是古典主义风格所追求的。

2.《大卫》

《大卫》为云石雕像，像高2.5米，基座高5.5米，由米开朗基罗创作于公元1501—1504年，现被收藏于佛罗伦萨美术学院。这尊雕像被认为是西方美术史上值得夸耀的男性人体雕像之一。不仅如此，《大卫》是文艺复兴人文主义思想的具体体现。它对人体的赞美表面上看是古希腊艺术的"复兴"，实质上表示着人们已从黑暗的中世纪桎梏中解脱出来，充分认识到了人在改造世界中的巨大力量。

3.《维纳斯》

米洛斯的《阿芙洛蒂忒》俗称《断臂的维纳斯》《维纳斯》等，为大理石雕像，高2.04米，由亚力山德罗斯创作于公元前150年，现收藏于法国巴黎卢浮宫。雕像从被发现的第一天起，就被公认为是迄今为止希腊女性雕像中最美的一尊。这尊雕像还是卢浮宫的三大镇馆之宝之一。

4.《雅典娜》神像

雅典娜为雅典城的守护神。在这座女神雕像中，她头戴战盔，身着希腊式连衣长裙，护胸和甲胄上装饰着蛇形饰边和人头像。她裸露双臂，透过薄衣裙可隐见丰艳健美而有力量的身体。整个形象富有女性的温柔和生命力，而且体现更多的是人性，缺少神性，这表明古希腊时期的艺术已走向世俗化。

5.《门考拉夫妇》立像

《门考拉夫妇》立像，用闪绿色黏板岩雕刻，高约 1.42 米，约创作于公元前 2600 年，现收藏于美国波士顿博物馆。这是古埃及王国第四王朝时期的一尊双人立像，也是当时帝王立像中最典型的代表。雕像刻画的是古埃及王国第四王朝第五个法老门考拉和他的王妃。

6. 复活节岛的巨石雕像

复活节岛的巨石雕像，最高 9.8 米，创作于公元 600—1680 年。复活节岛是南太平洋上一个孤立的小岛，因考古学家是在 1722 年的复活节发现它而得名。

7.《母狼》

《母狼》为青铜雕像，高 0.85 米，约创作于公元前 500 年，现收藏于意大利罗马市政博物馆。雕像取材于罗马建城的传说。这尊雕像是埃特鲁斯坎人的艺术杰作，对罗马人来说具有纪念碑意义，人们把它作为民族发源的始祖而顶礼膜拜。

8.《狮身人面像》

《狮身人面像》为石雕，高约 20 米，长 57 米，约创作于公元前 2500 年，现位于埃及吉萨。在古代埃及，狮子是战神的化身，也是力量的象征，法老把自己的形象与狮子的形象混合起来，是为了展示神秘的威力，使自己成为万民崇拜的偶像。

9.《汉谟拉比法典》

《汉谟拉比法典》为石雕，建造于公元前 18 世纪，高约 0.71 米，石碑全长 2.13 米，现收藏于巴黎卢浮宫。《汉谟拉比法典》是世界上发现的最早的成文法律条文，是人们研究古代巴比伦经济制度与社会法治制度的极其重要的文物。同时，它还是古代巴比伦艺术的代表，因为古巴比伦王国流传下来的艺术品十分罕见，所以这个石碑就显得格外珍贵。

10.《思想者》

《思想者》原为《地狱之门》组塑的一部分，后翻铸成铜像。《地狱之门》取材于但丁的《神曲》。《思想者》是罗丹用以象征但丁的形象。一个强有力的巨人弯腰屈膝地坐着，右手托腮，嘴咬着自己的手，他默默凝视着下面被洪水吞噬的苦难深重的人们。

83

第三节
环境雕塑的未来趋势

20世纪30年代至60年代，环境雕塑逐渐摆脱了依附于建筑的地位，开始朝着更加独立的方向发展，可以说世界范围内的环境雕塑经历了一场巨大的变革。人与环境关系的讨论不断被提高到一个新的层面，人们对自身与社会、环境以及空间的认识更加全面科学，艺术家重新梳理创作与生活之间的关系，同时意识到艺术回归生活的重要性，尤其是环境雕塑艺术，它是将雕塑与周围地理环境、地域文化和社会历史综合考虑的一种艺术形式。如何同现实生活以及生活空间更加契合，成为环境雕塑在未来很长一段时间内的变革方向。

一、环境雕塑成为公共艺术的主要形式

分布在城市中的众多环境雕塑，已成为现代城市生活的一个重要组成部分。这些造型丰富、独特的环境雕塑，一方面与周围的自然和人文环境有机地整合在一起，增添了城市的魅力和生活气息；另一方面为公众所普遍接受和认同，成为城市空间中重要而独特的地标物，是城市文化的缩影和艺术的特殊载体，并在与城市空间和建筑的相互依附关系中逐渐形成了自身特有的文化内涵，更是城市魅力的最好宣传。

相较于其他公共艺术形式，环境雕塑具有较强的视觉冲击力，且可以打破部分场地限制，拉近人与艺术之间的距离，更便于公众与雕塑作品产生互动和交流，从而达到其他艺术形式难以发挥的艺术感染力，提高公众的审美水平。环境雕塑同生活空间的紧密结合，使得它日益成为公共艺术的重要形式（图3-83、图3-84）。

二、环境雕塑更具人文色彩

随着经济发展和人们物质生活水平的提高，公众的精神需求不断增长。这也对环境雕塑提出了新的要求。一方面，社会经济的巨大进步带来了更加多元和广阔的公共空间，这就为环境雕塑提供了必要的创作和展示场所，从而满足雕塑本体所需的空间性；另一方面，环境雕塑的发展带动了创作所需精神空间的进一步探索，

图3-83 与环境融合在一起的雕塑作品

图3-84 彰显文化内涵的雕塑作品

更多体现人情味的环境雕塑作品出现在各种公共环境中，这种视觉享受的满足，是环境雕塑最具人文色彩的时代精神（图3-85、图3-86）。

三、环境雕塑造型更加多元化

城市空间和科学技术的发展让环境雕塑创作呈现多元化的局面，简单来说，

有以下两个主要特点。首先是动感性，艺术家在创作时，将气流、光色和音响效果引入环境雕塑活动，将传统静止的雕塑变"活"。动感性又引出环境雕塑的另外一个特点，即体验性，"活"的雕塑鼓励人们积极参与到雕塑活动中，从而产生参与感和体验感（图3-87、图3-88）。

图 3-85　满足视觉享受的雕塑作品

图 3-87　雕塑座椅

图 3-86　充满人情味的雕塑作品

图 3-88　娱乐性雕塑

第四节
案 例 分 析

一、金色树木雕塑

金色树木雕塑作品很好地体现了雕塑与环境之间的和谐性，赋予了雕塑生

命。树枝在绿植中自然穿插，展示出了蓬勃的生命力。金色与绿色搭配融洽，绿植充当背景，圆环型金色树叶点缀绿植（图3-89～图3-91）。

树叶全部由圆环随意叠加而成，没有一定的规律，不会显得累赘。金色的圆环在阳光下闪烁，象征着生命的光彩。树枝

图 3-89　金色树木雕塑全景

图 3-90　树枝在绿植中穿插

图 3-91　金色与绿色搭配融洽

线条流畅，粗细适当，不夸张，但也并不平庸。缠绕在一起的树枝充满了遒劲的力量（图 3-92、图 3-93）。

　　位于树根部的石头形态各异，有切成两半的，有立起来的，有镂空的。创作者充分发挥想象，赋予石头趣味性与生命力，展示了大自然的丰富多彩（图 3-94、图 3-95）。

二、科学名言廊雕塑

　　该雕塑作品位于校园内，为仿木质结构，充满浓厚的书香气息（图 3-96、图 3-97）。

　　该雕塑造型比较简洁，象征着科学、严谨。每扇门的正面都印着与科学相关的名言，人们穿过一扇扇门，仿佛遨游在知识的海洋（图 3-98、图 3-99）。

图 3-92　圆环型树叶

图 3-96　雕塑正面

图 3-93　树枝

图 3-97　雕塑侧面

图 3-94　石头

图 3-98　简单的造型

图 3-95　石头近景

图 3-99　科学名言

图 3-100 雕塑一角

图 3-101 雕塑底部

细节之处没有过多的修饰，一切以简单为基调，重点突出名言的重要性（图3-100、图3-101）。

该雕塑背面也印着名言，无论从哪一面走进门内，触目可见的只有知识。同时在阳光的照射下，雕塑的影子为雕塑又增添了几分神秘感（图3-102、图3-103）。

从远处看，门向内依次变窄，这也象征着进入知识的道路是很容易的，但过程是曲折的，当经历这些曲折之后，眼前的路就会变得更宽阔（图3-104、图3-105）。

图 3-102 门背后的名言

图 3-104 首尾相连的角度

图 3-103 雕塑的影子

图 3-105 宽度渐变的角度

思考与练习

1. 简述中国历史上有哪些著名的雕塑作品，例如青铜器、玉雕等。

2. 哪个朝代佛像雕塑众多？这些佛像雕塑主要聚集在哪些区域？

3. 请简要说明中国现代雕塑有哪些特点。

4. 古希腊雕塑可分为哪些时期？简述各个时期的特征。

5. 世界十大雕塑有哪些？

6. 结合生活中常见的雕塑作品，谈谈你对环境雕塑设计未来发展趋势的看法。

第四章
环境雕塑设计的要求

学习难度：★ ★ ★ ☆ ☆

重点概念：社会公众、人工环境、自然环境、文化环境

章节导读

作为一种公共艺术，环境雕塑广泛应用于日常生活之中，成为美化人们生活环境的重要艺术手段。在环境雕塑中，雕塑与空间环境必然会发生紧密的联系，处于一种和谐统一的关系。雕塑不仅应在体量、形式等方面与周围环境相一致，而且在作品题材和人文内涵等方面也要考虑与空间的协调。这样，雕塑和环境才可以相辅相成，营造一种相互契合的氛围，从而增强整体空间的魅力。一方面，雕塑家可以通过提炼环境主体中的文化信息，设计出与之相匹配的方案，以达到两者之间协调一致、相互依存的关系。另一方面，雕塑也可以成为环境空间的主题，当雕塑象征或蕴含的精神内容被当成人的知觉认识中心时，雕塑就成为主要的视觉对象，而它所处的环境就成为背景。由此可见，从环境空间中提炼出准确的精神内涵，并制定出与之相呼应的雕塑设计方案，才是雕塑与环境成功结合的关键（图4-1）。

图 4-1　创意雕塑

第一节
环境雕塑设计的基本要求

　　雕塑处于环境之中，属于环境的一部分。因此，它必然要与所处的时代、具体环境以及公众发生联系，并满足各个方面的需求。雕塑要适合所处的环境，也就是说雕塑的体量、形态、材质要符合所处的具体环境空间，从而产生恰当的效果。恰当的效果可以是和谐的，也可以是冲突的，主要依据雕塑创作的目的而定（图 4-2、图 4-3）。

　　雕塑所处的具体环境可以分为室外空间、室内空间两个部分。大部分环境雕塑放置在室外空间。相对于室内空间而言，

图 4-2　体量合适的人物雕塑作品

图 4-3　材质合适的人物雕塑作品

室外空间是开敞性的。然而，开敞空间对雕塑也具有相对的限定性，要求其适应周边环境（图 4-4）。在表现手法和形式上，室外雕塑不仅要与建筑外观相协调，而且要起到丰富和活跃环境空间气氛的作用。根据空间环境的需要，室外雕塑在适应建筑外部空间特性的同时，更容易表达出气势恢宏、亲近自然的主题。因此，雕塑在视觉和心理上对室外环境的强化，在总体空间环境的建设中起到了画龙点睛的作用（图 4-5）。

雕塑对特定室内空间的要求强于室外，例如室内雕塑对灯光的依赖性要比室外雕塑强（图 4-6）。此外，室内空间是根据人的需求创造的，根据功能可以划分为商业空间、办公空间、居住空间等。因此，室内雕塑设计因为空间功能的限制有很强的针对性，其独立性要与室内空间环境相协调（图 4-7）。

不论是室外雕塑还是室内雕塑，在视觉心理上都受制于不同的空间环境和使用功能，利用观众的视觉与心理上产生的效应，不仅能使环境空间得以扩展或紧缩，达到在整体空间设计层面上延伸主题或点题的目的，还能以雕塑独特的形式参与空间环境的再创造。作为一种大众化的艺术，环境雕塑拥有广大的受众群体，必须要满足受众群体的精神

图 4-4 雕塑与环境的融合

图 4-6 灯光应用

图 4-5 雕塑对空间的视觉强化

图 4-7 商业雕塑陈列

需求。随着社会的发展，公众的文化修养在不断提高，因此对美的事物的需求也越来越多样化。每个时代都有不同的历史维度和美学背景，都会产生符合这个时代的、特殊的造型和美学观念。因此，雕塑要适合当下的社会环境，也就是要反映所处时代的审美倾向。雕塑的设计应配合环境并适应公众的审美需求，为公众创造更好的审美氛围（图4-8、图4-9）。

图4-8　传统文化雕塑

图4-9　现代科技雕塑

小贴士

现代环境雕塑语言的泛化

环境雕塑的发展跳出了以往传统、习惯上的狭窄表达范围，更广泛地吸收、借鉴众多学科及相关艺术等不断丰富自身。如从环境空间理论上，环境雕塑吸取视觉表现力因素，强调尺度感，出人意料地变化空间形态和方向。在人的心理感受因素上，环境雕塑也吸收了文学、戏剧、电影等方面的因素，如隐喻、追求戏剧性、电影蒙太奇手法及悬念效果等。

第二节
环境雕塑设计的多维要求

随着经济的发展和技术的进步，人们对环境雕塑的需求量和品质都提出了更高的要求。雕塑、环境、人三者形成一种新的综合性的公众艺术大环境。其中，雕塑是人们视觉的焦点，常常起到点题的作用。这类雕塑的尺度、形态、色彩、材质等相对于传统雕塑有了很大的变化，它更注重与公众的互动、与环境的协调。从内容上讲，它不同于以往强调主题性与纪念性的环境雕塑，而是艺术家根据环境空间的诸多因素，进行合理的构想和设计，创造出的与公众、环境互动协调的空间。

雕塑与环境的特殊关系为环境制约雕塑、雕塑充实环境（图4-10）。

一、社会公众的要求

公众性是环境雕塑创作中必须考虑的重要因素，环境雕塑应该注重与公众的交流，而不能脱离环境氛围，单纯表现个人思想。因此，环境雕塑的设计要注重公众对作品的参与性、可及性等。环境雕塑与公众的互动交流，使整体环境充满活力，为公众提供了一个感悟艺术、陶冶身心的场所，同时也提升了环境的整体空间品质和吸引力（图4-11）。

注重与公众的互动是环境雕塑创作中的关键。设计一个成功的环境雕塑应当注重以下几个方面。首先，人是环境雕塑创作中不可忽视的因素，环境雕塑应对公众起到一定的积极影响，使公众的态度从被动接受转换为主动参与。其次，环境雕塑的尺度和形式，应符合雕塑所在的场所，还应与特定场所中人们的行为和心理活动保持一致，并试图与公众建立起某种联系，为公众带来一种轻松而富有趣味的感受（图4-12）。最后，环境雕塑作品还应符合不同区域、不同民族的审美要求，具备适宜的文化内涵。总之，环境雕塑应给予环境以活力，并与公众之间产生心灵对话。

环境雕塑作为公共环境中的作品，不是艺术家个人的，而是具有公共意义，不能是完全独立的。

95

图4-10　雕塑与环境的关系

图4-11　雕塑与公众的交流　　　　　图4-12　尺度符合场所

环境的人性化与环境雕塑的触觉空间

小贴士

现代城市紧张的生活节奏、超高尺度的建筑等，使人被分隔、独立，产生了人文负面影响。因此城市的改造十分重视环境的人性化和亲切感。在建筑上出现了步行街、共享空间、游乐雕塑等，以此来调整人们的心理感受。环境雕塑也大都采用接近人的尺度，在空间中与人处于同一水平，可观赏、可触摸、可游戏，增强人的参与感。另外，环境雕塑在形式上采用丰富多样的雕塑语言，形成各种情趣，满足人们不同层次的精神要求。

二、人工环境的要求

人工环境是因人类活动而形成的环境体系。在现代社会中，雕塑已经成为人工环境中的有机组成部分。一件优秀的雕塑作品，不但可以让环境更具魅力，还能体现出空间环境的文化内涵。此外，一件好的雕塑作品往往会成为一个环境的标志，由于雕塑所处环境的不同，雕塑所承担的公共责任也有所不同。雕塑的题材要与人工环境和谐一致，在设计时，要考虑它的目的和意义。

雕塑在特定环境中，除了有美化环境的目的外，也应表达人对精神世界的感受。不同地区拥有不同的历史文化和风俗习惯。在设计雕塑时，除了要让人们欣赏到雕塑优美的形式和它所营造的高雅氛围外，还要使人们能从中领略到当地所特有的历史人文气息，这就要求雕塑的内容必须与人工环境协调一致。雕塑与人工环境互相渗透、融合，凸显了人工环境的艺术之美，也使雕塑作品成为人工环境结构中的有机组成部分（图4-13、图4-14）。

图4-13　历史人文气息　　　　　　　　　　　　图4-14　优美的形式

罗马尼亚雕塑家康斯坦丁·布朗库西

小／贴／士

康斯坦丁·布朗库西，1876年出生于罗马尼亚霍比塔的一户农民家庭，1957年逝世于巴黎，长期活动在法国。其间，他曾受立体派和黑人雕刻的影响，开始制作简化造型的雕刻，他只选择少许主题，以不同材质去创作，是20世纪最具原创性的重要雕塑家。他的石雕及金属雕作品，如《吻》(1908)、《睡着的缪斯》(1910)和一组题为《麦厄斯特拉》(1912—1940)的变体雕刻，表现出作者对简洁的抽象美的探求。他的木雕作品（如《巨子》(1915)等）深受非洲艺术的影响，运用错综复杂的棱角，常以神话或宗教为主题。他的作品可以说是对现代主义美学的核心课题——造型与材质，作出崭新响应的典型代表（图4-15、图4-16）。

布朗库西从小受到民间木雕工艺影响，在祖国生活时期就读于工艺学校，后来，进入首都布加勒斯特美术学校。1904年抵达巴黎，1907年，布朗库西毕业于美术学校，并进入罗丹工作室。然而，布朗库西仅仅待了一个月就选择离去。他透露离开罗丹工作室的考虑：大树底下无法长成任何小草。布朗库西坦承，那段时间是他个人最艰辛的时期，他必须找到自我创作的道路。因此，布朗库西不断寻找雕刻的完美和优雅，运用纯净的想象进行艺术创作，他的创作理念对现代雕塑艺术有着极为重要的启发价值。布朗库西说："东西外表的形象并不真实，真实的是东西内在的本质。"

图 4-15　《吻》

图 4-16　《睡着的缪斯》

三、自然环境的要求

　　雕塑与自然环境之间的关系是雕塑创作的一个重要环节。自然环境是大自然历经几十亿年逐步演化而成的。自然界的绮丽风光美不胜收，令人叹为观止。环境能改变人的心理感受及行为方式，具有参与性、互动性、开放性。同样的作品放到不同的环境当中会产生不同的视觉效果和内心体验。雕塑与自然环境有机结合，就是要求设计者把雕塑作品与自然环境统一协调起来，使雕塑作品具有永恒的艺术生命力。环境雕塑的创作，应从自然环境的具体特点出发，注重与自然环境的融合，充分利用环境因素来丰富雕塑的内涵，使其相得益彰（图4-17、图4-18）。

图 4-17　乡间自然环境

图 4-18　海边自然环境

古希腊著名雕塑家菲狄亚斯

　　菲狄亚斯是政治家伯里克利的挚友和艺术顾问，是当时最负盛名的艺术家。他的著名作品为世界七大奇迹之一的《宙斯》巨像和帕特农神殿的《雅典娜》巨像，两者虽然都早已被毁，但有许多复制品传世。希波战争中，雅典受到严重毁坏，菲狄亚斯为雅典的重建作出了卓越的贡献。他擅长神像雕塑，主要作品有雅典卫城上的巨大的《普罗迈乔司的雅典娜》、《利姆尼阿的雅典娜》、奥林匹亚的《宙斯》和《帕特农的雅典娜》等，但都已失传，人们所见到的只是复制品。另外著名帕特农神庙的装饰性雕塑也是在他的领导、设计和监督之下完成的，其中，最著名的作品是《命运三女神》。他的主要创作生涯是在故乡雅典度过的，他一生最辉煌的业绩是在重建雅典卫城的过程中，完成了众多的雕刻装饰杰作。

关于菲狄亚斯的晚年，有人说他因贪污黄金与象牙受到控诉。总之，他晚年深遭不幸，在歧视、审讯和放逐中结束了生命。很显然，这位伟大艺术家的厄运有着深刻的社会背景。

四、文化环境的要求

雕塑是人类精神活动的产物，是文化形成过程中的固化形态。环境雕塑是各民族的文化积累，体现了人类不断进步的生产、生活方式和不断向上的理想与追求。成功的环境雕塑设计应该把握好空间系统中人文与自然环境之间的和谐关系，体现严密的逻辑性、秩序性和有机性。在设计中，应突出区域的个性特征，做到对历史文化的尊重与艺术价值的体现，在环境整体美中寻找民族特色及区域形式美。所以，环境雕塑既要满足人们对居住环境的艺术质量要求，又要在文化领域反映人们不断提高的精神层次（图4-19、图4-20）。

图4-19 城市文化

图4-20 城市特性

第三节
案例分析

一、《巧布水雷》雕塑

《巧布水雷》雕塑作品位于江堤之上，

属于抗日战争纪念性雕塑，因此采用石材作为主要材料，能达到很强的建筑感和质量感（图4-21、图4-22）。

该雕塑人物的表情刻画较为细致，线条硬朗，呈现出海员布雷时的谨慎与专注。坚毅的面容、强健的体魄彰显了抗日战争

图 4-21　建筑感

图 4-22　质量感

的勇武精神（图 4-23、图 4-24）。

　　该雕塑一共有四个人物，各司其职，代表了海军强大的军事能力（图 4-25、图 4-26）。

二、《万众一心》雕塑

　　《万众一心》雕塑作品也属于抗日战争纪念性雕塑，由于人物较多，采用浮雕的形式表现其深厚的内涵。石材基座为船的样式，寓意将人们联系在一起，体现万众一心的主题。船的最前方是举着国旗的士兵们，带领着人们前进，生动的肢体动作表现了士兵们不惧死亡的决心（图

图 4-23　坚毅的面容

图 4-25　雕塑正面

图 4-24　强健的体魄

图 4-26　人物近景

图 4-27　基座为船的样式

图 4-28　举着国旗的士兵们

4-27、图 4-28）。

　　士兵们的后面是为战事提供劳力的工人群体，有了他们的协助，士兵们才能有充足的补给。工人们弯曲的腰及坚毅的表情表达了他们的爱国之情（图 4-29）。工人们的后面是家属，给士兵和工人们带来心灵的慰藉（图 4-30）。

　　家属后面是学生群体以及商人，学生们鼓舞了人们的爱国情绪，商人们提供了抗战的经济基础，体现了"有钱出钱，有力出力"的精神（图 4-31、图 4-32）。

　　接下来是社会各界人士，包括戏曲

图 4-29　工人群体

图 4-31　学生群体

图 4-30　家属

图 4-32　商人

家、报童、僧人、残障人士等，他们都在以自己的满腔热血支持抗日，保护国土（图4-33、图4-34）。

最后处于船尾的是官方人士，他们推动着人们前行。同时也只有官方人士和士兵们的石座是凸出来的，意味着中间的群体是受保护的部分。所有人的肢体动作都是向前的，就像一艘行进的船，很好地体现了"万众一心"的主题（图4-35、图4-36）。

图4-33　社会各界人士

图4-35　官方人士

图4-34　戏曲家

图4-36　推动着人们前行

思考与练习

1. 环境雕塑设计的基本要求有哪些？

2. 社会公众对环境雕塑创作的要求有哪些？

3. 人工环境对环境雕塑创作的要求是什么？

4. 自然环境与雕塑如何相互协调？

5. 简述罗马尼亚雕刻家康斯坦丁·布朗库西的雕塑理念。

6. 观察生活中的雕塑作品，举例说明该雕塑满足了哪些创作要求。

第五章
环境雕塑的构成要素

学习难度：★★★★☆

重点概念：形状、色彩、材料、尺度、空间

章节导读　　雕塑是一门造型艺术，其最主要、最突出的特征是存在的基本条件必须是三维性的，即有实际体积的空间形式，具有可视而又可以触摸的空间形式。雕塑设计的目的就是通过直观的造型表现，展示立体构成的空间状态、造型结构，从而表达出作品美的内涵。雕塑的立体构思是创作者对三维空间体验的一种艺术表达，是通过点、线、面、体的基本结构变化而突出雕塑形态的一种思维方法（图5-1）。

图5-1 诗人埃米内斯库雕塑

第一节
形　状

随着现代科学技术的不断发展，人们的生活方式也在不断发生变化。城市建筑物的拔地而起，交通设施和交通工具的更新换代，各种造型材料的推陈出新，使雕塑的种类和形态也发生着新的变化。雕塑的立体构思已不仅仅停留在构成原理、形式美感方面，而是更加注重表现方法、材料及现代科技手段的运用方面。如果没有系统的、科学的、立体的创造性思维，雕塑作品的生命力很难在现实生活中得到体现（图5-2、图5-3）。

图5-2 抽象雕塑

图5-3 具象雕塑

一、形态要素

形态要素是指存在于环境空间中的形态物象。换言之，任何一件雕塑作品，无论其复杂程度如何，都必须由点、线、面、体这些最基本的形态要素构成。"形"是有形体的实体；"态"是状态或存在方式。

1. 点

从几何意义上说，点只有位置而没有面积，是零次元的最小空间单位。点的表现形式多种多样，可以在线的一端，在两线的相交处，也可以是在线段的两端。但从雕塑的立体构成上看，点是有体积和形状的，是有多种多样的形态的（图5-4）。

2. 线

从几何意义上说，线是点的移动轨迹，它只具有位置及长度，而不具有宽度与厚度。线是具有长度的"一维空间"或"一元空间"。而从雕塑的立体属性来说，几何学上一元无质量的线要用三元有质量的体来表现。线一般分为直线与曲线。直线也称硬线，有简单、明了、直率、有力之感，具有男性阳刚之美；曲线也称软线，给人以圆润、柔和、运动、变化之感，具有女性的阴柔之美。在雕塑造型的视觉上，线比点更能表现出形式美的特点。它通过交错、重叠、环绕的方式形成较强的形式美感与节奏动感，构成雕塑要素（图5-5~图5-7）。

3. 面

从几何意义上说，面是线移动的轨迹；从雕塑的造型理论上说，面已不是几何意

图5-4 具有凝聚力和向心作用

图5-6 垂直线

图5-5 线的感觉

图5-7 曲线

义上的由长度、宽度构成的两度空间，而是由直面、曲面、异形面、几何面等组合而成的，可以看得到摸得着的三元的面。在雕塑中，面的运用非常广泛，面可以叠加、组合、渐变、旋转、扭曲等，极大地丰富雕塑的表现语言。面与点材、线材的综合使用，使雕塑呈现出立体语言的生动性和形式的多样性。形体的构成要素是点、线、面，这三者之间的组合和空间的变化能产生各种各样的新形态（图5-8、图5-9）。

4.体

雕塑立体构思中，体的要素与几何中的长度、宽度、高度、厚度、深度有原则性的区别。雕塑中的三元体把几何学上无重量、无实体的三次元转化为有重量、有实体的形式表现，从而在雕塑的造型中使立体构成表现得更加生动和厚重。与点、面不同的是，体完全是依靠点、线来完成自身的形象的。雕塑的立体性就在于其具有空间实质，它的长、宽、高都是客观存在的实体。

二、正负空间的运用

从现实操作的层面上看，"雕"和"塑"

的过程也就是形体的"减法"与"加法"的过程，这样就出现了形体的凹凸问题，进而"正负空间"便在雕塑造型中产生了。传统的雕塑作品都很善于展示自身的实体部分，也就是它的正空间；而现代雕塑家却常把注意力放在作品的虚体部分，或是作品的周围——"场"，即负空间。而正负空间的交替运用无疑会产生美的作品。众所周知，雕塑不是简单地塑造，而是有感情地去塑造视觉上凹凸的形体。雕塑形体的组合、建构都是以作者的视觉感知为前提的，雕塑形体本身是否具有生命感，这与对象形体之间并没有必然的联系。如果艺术家仅仅满足于塑造对象的外在表象，而不去感受其本质，作品必然因缺乏表现力而显得空洞苍白。所以我们不仅应从视觉感知的角度"师法自然"，而且要调动内在的感受力，创作出有生命力的雕塑作品（图5-10、图5-11）。

把握形体的视觉力是雕塑家的本职。著名雕塑家亨利·摩尔曾说："雕塑有其自身的生命力，但不可予以较大的石块雕凿出较小的物体的印象，而应令人感到他所看见的是蕴含着有机的、向外扩展的能

正负空间是指正形和负形在轮廓上相互借用、虚实转换形成和谐的图形空间。

图5-8 平面

图5-9 转折面

图 5-10　佛像雕塑

图 5-11　人头雕塑

力。一件有生命的雕塑是鲜活的和有张力的，要比石或木的原体予以更庞大的感觉。无论雕或塑，都应给人一股由内向外和生生不息的感受。"

　　我们看到的大自然中由内而外的生长力，是大自然内在的一种厚实力，还有一种力是动态趋向力，它很容易使形体产生凹凸。例如一位穿竖条纹衣服的女子站立时垂直方向的力感是明显的，走动时条纹"活"了起来，给人以运动感，这些运动感都是视觉力感。运动着的形体（如动物），总有些凹凸趋向，这都是动态趋向力（图5-12、图5-13）。

　　雕塑作为一门视觉艺术，其体量感不单表现在形体体量上的放大、缩小（图5-14、图5-15）。从视觉感知的角度，

我们经常发现一些体量较小的雕塑作品也能给我们以体量庞大的感觉，如史前雕塑《威伦道夫的维纳斯》，作品实际高度仅为 11 厘米，却能给我们以体量巨大的感觉。这是一种纯粹意义上的视觉量感，是形体上的凸起，是体量的相对增加。洛阳龙门石窟极南洞洞口两侧的力士复原雕像，其肚子有很多凸出的高点，这些是不平衡的因素，但都统一在完整的圆形之中，使整体趋向了平衡，既有力的丰富感，又有整体的方向感。

　　作为正空间的对应物，负空间往往体现为虚体空间。假如我们将正空间的特征表述为"凸"，那么相对而言，负空间的特征则可以表述为"凹"。形体凹进产生了负空间。壳状物是形体凹进的一个典

图 5-12　形体充满张力

图 5-13　凸大于凹

图 5-14 不平衡的力

图 5-15 平衡的力

型。我们在分析形体的凹凸时，可以分析大自然中外形接近圆形的生命体。例如，苹果、橘子的生长，都是核部位的能量不停地向外发散，在磁场的作用下形成了有两极的"圆形"。同时，生命与水密不可分，生长时"力"的输送就像水波纹，我们可以据此想象一下树木的年轮。然而，生命体都有能量衰退的时候，就像树木老后会中空，仅剩下一个壳，显示着生命构造在衰变与死亡时的气节。哪怕是干枯的树叶，甚至是岩石和矿物也会保存自身的密度和凝聚力，直至它们由于摩擦而变成很小的砾石。从内部来看，壳体因其凹陷的空间而具有包容性。从外部来看，壳体又因其拱形的外表以及对外的抗压力，给人以膨胀感。而就其本身的结构而言，壳

体又因自身的单薄而给人以轻捷、空灵的感受。这些富有生命力的特征都给雕塑艺术家提供了丰富的灵感（图 5-16、图 5-17）。

三、形体和环境的关系

在室外环境中，雕塑的形体表现会和室内雕塑形体有不同之处，因为室外环境空间比较大，并且空间的复杂和变化都很大，所以形体相对要求整体一些。例如架上雕塑，在设计时，架上雕塑一般都放置于空间较大的室内，雕塑本身与室内环境产生密切的关系，两者相互影响。别墅之所以和普通的商品房有区别，就是因为别墅会故意留下空间放置架上雕塑，从而彰显主人的品位（图 5-18、图 5-19）。

图 5-16 形体组合的丰富多样

图 5-17 凹凸的组合

图 5-18 罗丹的架上雕塑

图 5-19 朝鲜室外雕塑

小贴士

架上雕塑

架上雕塑是由于雕塑家个人探索性较强、创作风格较明显而创作出的一类小型雕塑。架上雕塑因多在轴架上完成而得名，受公共环境因素制约较少。许多架上雕塑不适合放入布置了城市的大环境中，因为它的闯入是冒昧的，所有的环境都有其特点以及特殊的文化内涵，而架上雕塑细腻、复杂、面面俱到，带有很强的技巧性，在环境雕塑中是不可取的。

第二节
色　彩

一、色彩的运用

现代雕塑离不开色彩的运用。色彩的运用已经发展成为雕塑研究的一个重要课题，是雕塑创作中的一大要点。色彩蕴含的艺术意义，值得艺术家们不断探索与研究。工业革命以来，雕塑也呈现出多元化发展的趋势。雕塑不再仅仅是单调的、三维的、静止的，也不再和其他学科泾渭分明。绘画、影视、声音、光影、装置等都可以成为雕塑的一部分。艺术家们可以把能想到的任何形式、任何元素加注在雕塑上。色彩的加入使得雕塑这一艺术语言更加包罗万象，使整个雕塑环境丰富多彩。

色彩是有感情的。它可以使雕塑视觉空间不再是单一的平面效果。色彩具有明度、纯度、色相三个要素，在空间中依旧占据了独特的视觉感受。不同色块组合就会产生不同的视觉变化，如果按照一定的规则排列组合，就会产生错觉，形成如三维物体的空间效果。雕塑作品本身是三维

雕塑的色彩与形体是相互依存、密不可分的。形与色的相互交融一直伴随着雕塑艺术的不断发展。

立体的，占据一定的空间。有时单纯的雕塑形体不能满足艺术家对视觉空间表达的意愿，适当利用色彩则能让视觉空间的塑造更加完美。由于光线的特性，人眼对光线的刺激可以产生相当复杂的反应，所以会让人产生错觉。人的眼睛常常会欺骗大脑，我们能利用这一点丰富雕塑的视觉空间。图片上的明暗和阴影使我们产生凸出或凹入的错觉。同一张图片中的物体明亮部分在上方，阴影部分在下方，这个物体看上去是凸出的。把这张图片上下倒置过来，便会得到凹进去的感觉。这是我们长期的生活经验造成的。在生活中，光源（阳光）总是位于上方，这就自然形成凸出来的物体的明亮部分位于该物的上方，阴影在下方。凹下去的物体则呈现相反的视觉效果。所以把同一张图片倒置就会得到相反的图像感觉。绘画上就是利用颜色的明度、纯度、色相对比塑造了具有空间感的画面（图5-20、图5-21）。

二、色彩的特点

现代雕塑的色彩运用受环境的影响是最明显的，不同的环境需要不同的色彩效果来表现。对比色是雕塑设计中经常用的，比如商业街的小品雕塑。现在商业街的铺装往往是冷色调的，所以商业街的雕塑更多是暖色系的，这样可以跟周围的环境形成鲜明的对比。雕塑与环境其实就类似于形象与背景，形象是指视觉所见的具体刺激物，背景是指与具体刺激物相关联的其他刺激物。需要引人注目的地方，色彩明暗对比都比较强烈，而不希望引起注意的地方则相反。要融入环境就得跟环境的色调相一致，比如在庄严肃穆的天安门广场，人民英雄纪念碑不会设计成大红大紫的醒目颜色，而是设计成灰色，跟天安门广场严肃的气氛相契合，同时也能表达其纪念意义。所以环境因素在雕塑的色彩运用中起着十分重要的作用。

现代雕塑家野口勇设计的《红立方体》，体现了色彩在巨大而灰暗冷漠的建筑物之间所达到的改变环境气氛的作用。红色的热情和兴奋在视觉心理上可弥补环境给人带来的心理压力和不平衡感。色彩在雕塑创作中的合理运用会丰富雕塑家的表现语言，现在雕塑大师们在自己的作品中经常使用色彩，使雕塑增添新的活力和

图5-20 辣椒雕塑

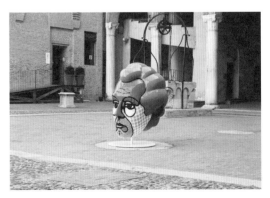

图5-21 小丑雕塑

个性特征，以适合现代生活环境，体现时代精神，同时以更为丰富的视觉效果和情感色彩，最大限度地满足观看者的心理要求（图5-22、图5-23）。

　　现代雕塑是一种综合性、多元性的群体，它由很多层面构成。雕塑作品中的色彩是引人注目的重要层面，它连接着雕塑形体与空间。雕塑中线条的表达颇为重要，线条和虚实关系在雕塑本体中并存，其表达手法取决于作品最终的效果。色彩对雕塑本身所具有的表现力是作品完整性的重中之重，在创作过程中，艺术家应考虑色彩对作品空间和虚实的影响。大画家马蒂斯说："假如型是精神的东西，那么色彩就是感情。首先画型，然后孕育精神。"孕育精神的本质就是色彩带给型的生命力，这种色彩美最打动人的视觉感官（图5-24、图5-25）。

图5-22　强调雕塑的扩张力

图5-24　大理石雕塑颜色

图5-23　造型更加鲜明

图5-25　青铜雕塑颜色

第三节

材　料

材料在传统雕塑中所扮演的角色是被动的，它依附于形体，仅为造型服务。而

现代雕塑的材料所表现出来的角色是主动的、张扬的，不仅表现形体，而且充分展现自己。也就是说，现代雕塑材料从"幕后"走到了"台前"，从"配角"变成了"主角"。现代雕塑材料丰富和发展了传统雕塑的语言，尽其所能地展现了自己的特性。

水 泥 雕 塑

小贴士

水泥雕塑又称混凝土雕塑，是广义雕塑材料的一种延伸。混凝土是水泥雕塑的主要原料。混凝土最早应用于古罗马，中国也在改革开放后相继引入这种混合硬化的材料进行建造，并延伸到各个领域。水泥雕塑事先应搭建雕塑钢筋结构，由雕塑泥材料塑造出相应的形态，在泥塑稿制作完成后，翻制外模并使用石膏加固，灌入混合水泥浆体融合钢筋构架，最后刻画、雕琢细节。硬化后的成品坚不可摧，寿命长，因此水泥雕塑被广泛应用在户外的广场、公园、主题场所等大型的雕塑构建中。

一、雕塑材料的发展

雕塑艺术的发展离不开材料的创新及运用，它与手工业及工业的发展密不可分。以人类文明的发展为脉络来进行分析，史前时期出现的雕塑作品，无论是石雕还是陶塑，都是人们在长期制造和使用工具的过程中产生的。人们用石器打造工具，并在这一过程中萌发了初步的、原始的审美观念。比如河北省武安县出土的《石雕人头》，包括后期出现的一些钻孔的石坠、兽牙以及磨孔的贝壳等装饰品；还有在仰韶文化地区的陕西临潼发现的玉雕耳坠，均流露出原始人类的审美取向。更重要的是，这些作品都有一个共同的特性：根据

材料的属性进行修饰，尽可能地体现出材料的属性美感，如陶的自然淳朴、石的坚硬厚重、木的朴实无华。由此可见雕塑艺术离不开材料的应用，而材料的发展往往成就了雕塑的辉煌，雕塑的形象是借助材料呈现出来的。

夏商周时期，随着手工业和技术的发展，雕塑材料也发生了变化，青铜器得到了广泛应用，因此先秦时代也被称为"青铜时代"，雕塑艺术开始走向成熟。当时青铜器是属于上层社会的，普通阶层依然流行陶器。因此，这个时期，雕塑艺术的主流物质载体是陶和青铜，雕塑艺术的材料语言也朝着深层次发展。青铜虽然

铸造工艺较为复杂，但因其优良的材料特质，几千年来仍备受雕塑家的喜爱（图5-26）。

随着时代的发展，雕塑艺术的理念发生着巨大的变化。材料对于雕塑艺术来说已不再处于被动从属地位。雕塑材料也不仅包括金属、木头、石材（图5-27）等传统材料，还包括玻璃、钢铁、塑料、橡胶、纤维、纸张等新型材料。这是一种时代文化的象征。根据不同的材料性能实践出新的工艺手段，由此也丰富了雕塑的表现形式。艺术家们更多地去利用材料的特性，通过组合、反复、置换等手段来表现思维和观念。

此外，加工手段也不局限于刻制、铸造和煅烧，又增添了锻造、模压、焊接、铆接、电解、喷涂、充气等新的工艺技术，大大丰富了环境雕塑的艺术表现力，使现代环境雕塑从形式和内容上都呈现出崭新的面貌。用恰当的材料来表现雕塑创意、丰富雕塑语言，让新的材料成为雕塑艺术的物质材料，成为当今艺术家毋庸置疑的责任（图5-28、图5-29）。

二、材料的审美语言

材料具备传达审美语言的功能，人们通过感官来获取对一种物质的了解和感受。材料的质地、肌理、色彩、反光通过视觉、触觉甚至听觉传递着综合信息，人脑结合这些信息，会对其产生一种大致的印象。这种印象结合我们之前所接触到的事物，进而产生软硬、冷暖等心理感受。

图 5-26　铜雕

图 5-28　不锈钢材料

图 5-27　石雕

图 5-29　PVC 铸造型材

雕塑常用泥材

雕塑最常用且最廉价的主材是泥。泥具有可塑性强、改动方便、保存难度小、温度适应范围大、造价低等优点。所有雕塑都是用泥塑造原型。但不是所有的泥都可以作为雕塑材料的，只有黏性强、质地细的泥土才可以。目前我国常用的泥有：黄泥土，产于山丘地，土质较细，黏性强；青灰土，产于我国江南一带，黏性强于黄泥，且土质细；土红色泥，土质细，黏性好，收缩小，是雕塑的理想材料；陶土，颗粒均匀，黏性强，土质细，但收缩性较大。这些泥使用前应经过多次搅拌，使用效果才会更好。

金属、陶瓷、玻璃给人十分生硬、冷的感觉；木材、纤维、塑料会产生柔软、温暖的心理感受；石头等一些物体在不同的表面处理效果下会产生不同的感受，如光滑的表面会产生柔软、温和的感受，粗糙的表面和坚挺的轮廓线会产生坚硬和具有力量的感觉。我们可以合理利用在日常生活中体会到的这些感受，深化雕塑的表现主题（图 5-30、图 5-31）。

由不同材料所雕刻出来的雕塑反映的思想和情感会有很大的不同（图 5-32、图 5-33）。设计师将情感与所选的材料相互融合，把自己的思想诠释在雕塑上。铸铜对于艺术上的创作还原性比较好，比较适合非常精细的作品，常用于人物雕塑，但容易氧化。花岗岩是由岩浆凝结成的火山岩，主要成分是长石与石英。它质地坚硬，对于酸碱与风化具有比较强的抗性，外观的色泽可以保持百年以上，常常用来作为雕塑或建筑物的材料。大理石属于石灰岩，是在长期地质变化中形成的。它包括大理岩、白云质大理岩、蛇纹石人理岩、

图 5-30　木质材料表面处理

图 5-31　青铜材料表面处理

结晶灰岩及白云岩等。大理石的质感比较柔和，格调高雅，是装饰中比较理想的材料，也是艺术雕刻中理想的材料，但由于自然大理石的瑕疵比较多，所以比较适合小面积的雕塑装饰。

三、材料肌理的表现

肌理是由材料的组织构造形成的外表形态和质感特征，材质肌理在雕塑美感中的开发利用是人们审美特性的能力表现。不同的表象特征会给人不同的感受，同时也让人产生不同的心理作用。例如，粗质的纹理给人粗犷豪放、厚重朴实的心理感觉；光滑的表面给人细腻精致、华丽严谨的心理感受。在雕塑艺术作品中，肌理一

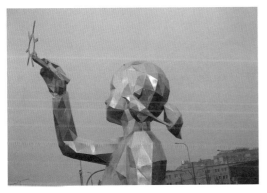

图5-32　不锈钢材料

图5-33　多种材料组合

根　雕

根雕，是以树根（包括树身、树瘤、竹根等）的自生形态及畸变形态为艺术创作对象，通过构思立意、艺术加工，创作出人物、动物、器物等艺术形象作品。根雕艺术是发现自然美而又显示创造性的造型艺术。所谓"三分人工，七分天成"，就是说在根雕创作中，应注重根材的天然形态，少进行人工处理修饰。因此，根雕又被称为"根的艺术"或"根艺"（图5-34）。

根雕创作的基本手法，就是运用夸张、抽象等手法反映现实生活。具体地说，就是对所选定的根材作全面而细致的观察，进行巧妙构思，借其形态、纹理、节疤、凹凸、曲张等，进行虚实结合的大胆设想。根雕的制作应强调"三雕七借"和意向造型，不管是什么根材，创作什么题材，必须遵守这个原则。在根雕过程中以雕琢为辅，雕磨过的部分和根的形态尽量融为一体，不露雕琢的痕迹。根雕作品是供人们欣赏或使用的艺术品，一旦开裂或被虫蛀，便会影响它的价值。因此，根材的防裂、防虫处理十分重要。

小／贴／士

般存在三种主要形态。其一是自然肌理，指不经艺术家之手就存在着的纹理组织，是自然现象形成的材质状态，如石纹、木纹、纸纹、风化腐蚀造成的纹理等。其二是人工肌理，指由艺术家按照自己的思维和意愿创造的纹理组织，是材料加工过程中因操作而形成的材质状态，如刀触、印痕、手迹、锻打、焊接、浇铸等造成的效果。其三是按照雕塑家的意愿，将自然肌理加以人为的改动，使之以更完美的形象呈现，达到和谐完美的效果。由此可见，肌理在

雕塑创作和欣赏活动中有着重要的意义和价值（图5-35、图5-36）。

图 5-35　坚硬粗糙的感觉

图 5-34　根雕

图 5-36　柔和精致的感觉

漆　雕

小贴士

　　漆雕是一种在堆起的平面漆胎上剔刻花纹的技法。漆雕是我国传统工艺美术品，也叫剔红。漆雕的技艺始于唐代，工艺流程极其复杂，制漆、制胎、打磨、做里退光等等，过程繁复，用时很长。因此，大型漆雕极其昂贵，在古代一直是皇室贵胄的陈设品。漆雕在元明时期传入北京，经漆雕艺人的辛苦钻研，漆雕技艺逐渐完美成熟，漆器成为具有北京特色的工艺美术品。北京漆雕与湖南湘绣、江西景德镇瓷器齐名，被誉为"中国工艺美术三长"。多年来，漆雕以其独特的工艺、精致华美而不失庄重感的造型受到海内外漆雕艺术爱好者的青睐。

第四节
尺　度

雕塑的尺度、体量设计是体现和表达作品内涵的关键。设计一件多大尺寸的雕塑作品才能既表现主题，又不会对周围空间造成不和谐的视觉冲击，这是在雕塑作品的设计之初应该首先解决的问题。

一、尺度心理

尺度是寓于作品中的美感和比例感，是雕塑与人的相互关系的一种反映。解决尺度问题是为了选择一个与作品要求相符的良好尺寸，使作品与所在环境有一个恰当的比例关系，保证艺术效果的展现。当我们欣赏一件雕塑或一件工艺品时，它之所以能打动我们，除出色的艺术造型外，它的空间尺度也深刻地影响着我们的心理感受。一般而言，艺术造型空间占有量的大小可引起欣赏者三种不同的心理感觉，即敬畏感、真实感和趣味感（图 5-37、图 5-38）。

二、尺度选择

区别不同作品可运用三种尺度：自然的尺度、超人的尺度和亲切的尺度。自然的尺度，是作品表现本身自然的尺寸，使欣赏者能度量自身的正常存在。超人的尺度体现人们对于超越自身、超越时代局限的一种憧憬。亲切的尺度使人们感到可以亲近、触摸，不会产生心理上的排斥。这种划分虽然是建筑创作的要求，但也可作为环境雕塑的参考。

某些宗教、历史、社会、民族等重大主题带有永恒感，可以使用超人的尺度。本应予人亲切感的风俗性作品或装饰化作品采用纪念碑的尺度，会让人从感情上敬而远之。本应令人敬畏的宗教性作品若尺度太小，就达不到此类作品应有的震慑感。一般作品采用自然的尺度或亲切的尺度，可让人减少心理上的压抑，尤其是一些生活性强、供人触摸玩赏的作品，不能采取过大的尺度（图 5-39、图 5-40）。

那些在环境中不占主要位置的作品，尺度可相对缩小，可以在作品周围用绿化带、台阶、围棚等适当划出相应视距的观

图 5-37　高差的变化

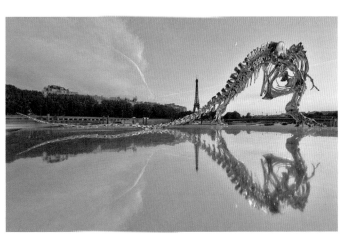

图 5-38　长度的变化

图 5-39　人物雕塑

图 5-40　动物雕塑

赏区域，以获取良好的视觉效果。超大尺度的作品往往会在特定环境中产生某种戏剧性效果和刺激性的震惊，像教堂和庙宇、宫殿用巨大高度和体量超越常态，来体现神圣不可超越的感觉。在环境雕塑中超大尺度往往表现为纪念性雕塑，通过具有影响的历史题材，用巨大的雕塑主体和宽广的背景，如城市广场、自然背景，让人置身其中，感受到庄严和神圣的力量（图5-41、图5-42）。

三、影响尺度的因素

1. 人

现代社会中，人作为城市的主人，拥有独立的审美能力。雕塑作品的大小，给人们留下不同的艺术感染力。因此雕塑的创作过程首先要考虑到空间中存在的人。欣赏者的感受直接影响空间中雕塑作品的尺度。

2. 环境

雕塑置于公共的环境中，应选择一个合理的尺度。安置雕塑的环境具有开放性或封闭性，或者也可以理解为已存在的环境和正在筹划建设中的"平面环境"。创作者在雕塑过程中如果没有经过分析、估算计量、选择合适的体量，将会造成雕塑与周围环境的失衡（图5-43）。

图 5-41　戏剧性效果

图 5-42　纪念性雕塑

图 5-43　公园雕塑

图 5-44　人物雕塑

3.雕塑本体

雕塑尺度也是雕塑本体的问题。在雕塑的创作之初，艺术家会对尺寸进行估计，在创作阶段对尺度进行合理把握。当雕塑从架上走到户外之前，雕塑家就要对雕塑应有的尺度、实际的尺度、想象中的尺度进行衡量（图 5-44）。

第五节
空　　间

环境雕塑包含许多因素，而其空间关系是诸多因素的核心。空间关系是指环境雕塑主体空间与环境空间之间存在的关系，是环境雕塑规划设计和评价的依据与基础。

一、方位关系

环境雕塑的"空间方位"含义有三个方面：其一，指环境中雕塑位置的大方向；其二，指雕塑的具体位置，即雕塑在东西南北中哪个节点；其三，以文化理念、民俗、信仰为依据，确定该方

位是否符合民俗理念。环境雕塑的空间方位涉及多方面因素，体现了主体空间与环境空间之间的依存状态，反映了雕塑与环境在空间的方位关系。不同的雕塑在同一方位或不同方位放置，都可能产生不同的效果。但本质上说，环境之中，雕塑的方位布局并没有固定的位置与模式，只要不影响环境的使用功能，就可以被放在任何位置，其理想方位来自心理意愿和物质背景的可容性（图 5-45、图 5-46）。

二、朝向关系

特定的方位决定雕塑的朝向，其含义包括两层意思。其一，指的是雕塑在环境空间中所面对的方向。其二，雕塑主立面的方位应与文化理念、民俗、信仰一致。在传统习惯中，人们倾向于趋吉避凶，迎福纳祥。因为，人们总是期望矗立的雕塑呵护一方水土，振奋一方精神。这里，雕塑作品不仅仅反映民俗、习惯和信仰，还蕴含风水意识。环境雕塑的空间朝向涉及诸多变量，体现了雕

图 5-45　石头的压迫感

图 5-46　人物的紧张感

塑与环境之间的复杂关系。同时，环境雕塑的朝向与环境空间亦存在某种制约关系，即环境空间决定着雕塑方位与朝向的优劣。如果环境空间比较理想，雕塑的主体空间方位与朝向关系就比较容易抉择。但是，实际生活中环境多种多样，千差万别，当环境空间不理想时，雕塑的主体空间方位就难以确定（图 5-47、图 5-48）。

三、时间关系

空间的变化和时间往往是联结在一块的。形体空间的变化往往是通过不断的视点变化而产生的，观者随着时间持续，看到了一个连续的形体和空间，这样就产生了运动的形体变化，时间使物体的运动过程具有持序性和顺序性，布朗布西的《无限柱》以单元形体的重复，使观者的视点无限上升，产生了强烈上升的方向，给人一种直到苍穹的"势"。在未来主义者眼里，时间、运动是最重要也是唯一被以前的视觉艺术忽视的东西。他们认为对时间的强调就是抓住了新时代的文化核心。未来主义关心的不是现实，而是概念。所以说利用时间的延续控制形体和空间变化也是表现"象"的一种手段（图 5-49、图 5-50）。

图 5-47　中心限定

图 5-48　分隔限定

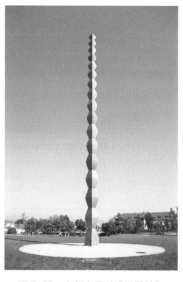

图 5-49　布朗布西的《无限柱》

图 5-50　嬉水的小孩

第六节
案 例 分 析

一、《奔赴前线》雕塑

《奔赴前线》雕塑作品展现了抗日战争时期士兵们与家属离别的场景。最高点的士兵手举一把枪，神情坚毅，体现了深厚的爱国之情（图 5-51 ~ 图 5-53）。

前面的士兵拉着装有物资的车，咬紧牙前行，另一名士兵喊着口号，激发士兵们的斗志。人物神情的刻画非常生动，

图 5-51　群雕正面

图 5-52　群雕侧面

图 5-53　举枪的士兵

细微的差别就能够展现出不同的人物性格（图 5-54、图 5-55）。

　　士兵后面是送行的家属，有挂着拐杖的母亲以及新婚的妻子，母亲蹒跚瘦弱的身躯牵挂着儿子，妻子的心紧系着爱人，担忧的眼神中夹杂着自豪，士兵不舍地回头，但身体毅然前行（图 5-56、图 5-57）。

　　该组雕塑以众多士兵的坚毅神态体现了战士奔赴前线时的爱国之情，同时以亲人的柔情来深化雕塑的主题（图 5-58、图 5-59）。

图 5-54　拉车的士兵

图 5-56　母亲和妻子

图 5-55　喊口号的士兵

图 5-57　士兵不舍地回头

图 5-58　坚毅神态

图 5-59　雕塑背面

二、《相亲相爱》雕塑

《相亲相爱》雕塑作品位于小区内，属于小型景观雕塑。雕塑的主题是三只天鹅，采用青铜材质，能够更好地展现天鹅优美的曲线（图 5-60、图 5-61）。

其中两只形态较大的天鹅为一对夫妻，相对而立，一只整理颈毛，一只仰头高歌，生动地描绘了天鹅的生活场景。该雕塑造型较为简洁，翅膀与身体部分都被简化，更加突出了天鹅的形态美（图 5-62、图 5-63）。

小鹅位于两只大鹅中间，体现了其乐融融的家庭氛围，也呼吁人们关爱家人，维护家庭的美好（图 5-64、图 5-65）。

图 5-60　天鹅正面

图 5-62　整理颈毛

图 5-61　天鹅侧面

图 5-63　造型简洁

图 5-64 小鹅

图 5-65 翅膀

雕塑要增加居住区环境的活力，最重要的是要鼓励大多数居民去观看、去触摸、去欣赏，并发挥想象力创造性地使用它，从而促进人们的交流。因此设计者在雕塑主题

的选择上要仔细斟酌，因为居住区环境不同于其他类型的环境，雕塑重在塑造温馨亲切的氛围。而天鹅形象本就美好，用来隐喻家庭非常恰当（图 5-66、图 5-67）。

图 5-66 天鹅背面

图 5-67 流畅的线条

雕塑在小区景观设计中的作用

小/贴/士

雕塑与环境景观有着密切的联系。历史上，雕塑一直作为环境中的装饰物而存在，即使到了现代社会，这一传统依然保留。与其他环境中的雕塑相比，居住区环境中的雕塑扮演着不可忽视的角色。它的形式、位置以及数量都对整个居住区环境具有重要作用。因为居住区环境与其他类型的环境不同，它更加着重于创造出一个人们愿意交流、充满活力的场所。所以其中的雕塑也应顺应这一主题。雕塑是居住区环境的点缀，但它不仅作为独立的装饰品存在。雕塑的目的是让服务的群体在使用的

过程中发现彼此的共同点，并进行沟通与交流。

　　人是城市空间中最好的风景线，这对于居住区环境中的雕塑设计有着非常重要的指导意义，即在设计中考虑的重点在于创造富有活力的"场"环境。"场"在这里不单指雕塑本身，还指由雕塑和四周的空间以及不同具体摆放点的雕塑之间形成的无形空间。雕塑的题材应是人们所熟悉、关心和喜爱的。在创造性地使用雕塑上，孩子是最好的例子。我们常常可以看见孩子们在雕塑上爬上爬下，雕塑往往被孩子们当作了一个"大玩具"。

思考与练习

1. 环境雕塑的形体与环境有什么关系？

2. 简述雕塑的各类材料，并描述其特征。

3. 环境对雕塑的尺度影响表现在哪些方面？

4. 谈谈你对雕塑与空间关系的理解。

5. 课后了解罗丹的雕塑作品，简述架上雕塑与室外雕塑的区别。

6. 综合以上知识，选取身边 4 种不同材料的雕塑作品，谈谈其构成要素及与环境的关系。

第六章

环境雕塑设计实践

学习难度：★ ★ ★ ☆ ☆

重点概念：调研准备、构思调整、方案表现、后期整治

章节导读

　　环境雕塑设计所解决的问题，不只限于雕塑体量的空间表现及艺术处理，还应处理雕塑所放置的具体环境空间中的各种因素关系。成功的环境雕塑应与它所处的环境形成一个有序的整体空间，表达出在特定环境中不同价值的空间意识及文化内涵，起到景观的空间维系作用。环境雕塑设计的程序主要是设计者按照设计规范、思维路径，由初步到深入，直至作品完成安装的过程。环境雕塑的设计程序一般包括设计准备、确定雕塑的主题和雕塑选址、方案的初步构思和设计、绘制效果图和制作环境雕塑模型、作品修改完成。环境雕塑在设计完成经甲乙双方确定后实施雕塑加工和安装过程的步骤包括：雕塑施工图设计、雕塑加工、雕塑基础施工、安装完成（图6-1）。

图 6-1　钢板雕塑

第一节
雕塑设计工具及方法

雕塑工具是雕塑家从事创作的"伴侣"和最得力的"助手"，一位优秀的雕塑家必须有一套称心的雕塑工具，才能随心所欲地发挥自己的雕塑才艺。雕塑工具的好坏可以说直接影响雕塑作品的完成。雕塑家使用工具，与作品进行心灵的对话，并产生碰撞，从而创作出优秀的作品。古人云："工欲善其事，必先利其器。"市场上也有不少雕塑工具出售，但为了拥有一把更符合自己雕塑风格的雕塑工具，不少雕塑家都自制雕塑工具。

在雕塑创造的过程中，雕塑家有时甚至会刻意保留工具在雕塑表面加工过程中所留下的痕迹，用以增加作品上的某种含义。概括来说，雕塑工具在某种程度上就是雕塑家手的延伸，是雕塑家表现创作思想的途径。雕塑工具的形状因个人的雕塑手法和习惯而不同，但最终只有一个目的——为雕塑创作使用方便。俗话说得好："人巧莫如家什妙。"由于雕塑的种类众多，使用的材料各种各样，这也导致了雕塑家的雕塑技艺各有偏重，这里主要简单介绍泥塑、石雕、木雕、玉雕、铜雕、石膏雕塑、不锈钢雕塑这七大类雕塑的雕塑设计工具及方法。

一、泥塑

1. 工具

①木棒、木槌。这两件雕塑工具在第一步上大泥时使用，在尺寸较大的雕塑塑造过程中使用较多。

②泥塑刀。泥塑刀多种多样，材质也各有不同，常见的材质为木质和金属，有黄杨木刀、竹刀、不锈钢刀和铜刀。

锻铜雕塑与铸铜雕塑的区别

小贴士

锻铜雕塑与铸铜雕塑的区别主要在于加工工艺。锻铜雕塑是加热铜片，利用金属延展性，用工具敲击铜片造型。铸铜雕塑先要做蜡模，然后往模具内浇灌铜水，再冷却。所以锻铜雕塑敲起来感觉薄一些。

③泥刮。泥刮是用钢丝和木头（或竹片）制成，两头用钢丝分别加工成三角形、圆形，并用铁丝缠牢，用胶黏上。

④其他。除了以上几种雕塑工具，此外还有刀、锯、斧、钉锤、钳子、剪刀、喷水壶等辅助的雕塑工具，其功能也不全相同，主要是根据个人的使用习惯而定，都是为了更灵活地制作雕塑（图6-2）。

2.方法

①选择合适的泥土。在选择泥土上一定要用上好的泥土，以黏性好的为佳，然后将其捣碎并且加入适当的水进行揉捏至柔软。

②捏制坯胎。设计师根据草稿或自己的创作构思捏制坯胎，在捏制的过程中要仔细，注意所要创造物体本身的特征，把一些细节都要表现出来，便于后面的操作。

③阴干。将捏制好的坯胎放在阴凉处阴干，不能放在阳光下晒干，有些地方还要用火烧一下，加强强度。

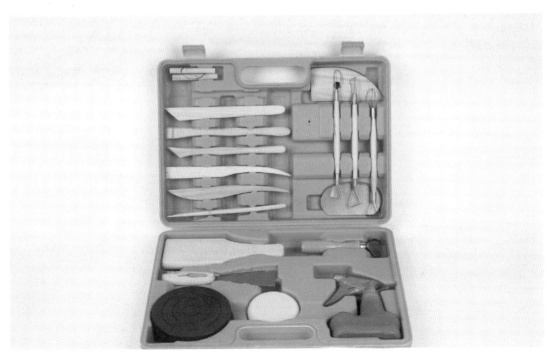

图6-2　泥塑工具

④翻模。翻模就是把泥土压在原形上印成模子，常见有单片模和双片模，也有多片模。脱胎就是用模子印压泥人坯胎，通常是先把和好的泥擀成片状，然后压进模子，再把两片压好泥的模子合拢压紧，再安装一个"底"，即在泥人下部黏上一片泥，使泥人中空外严，在胎体上留一个孔，使胎体内外空气流通，以免胎内空气压力变化破坏泥胎。

⑤上底粉。在晒干的坯胎上涂上底粉（白色颜料）。

⑥施彩绘。根据所捏物体的特征上色，要注意颜色的搭配应和谐。也可以在颜料干了之后上一层清漆，起到保护作品的作用，另外也能使作品颜色亮丽（图6-3）。

二、石雕

1. 工具

①石雕锯。石雕锯的作用是去除石头中多余的部分，不同的石材类型需要不同的锯子（图6-4）。

②石雕锤。石雕锤为敲击工具，用以敲击石雕凿刻石材，分大、中、小三号（图6-5）。

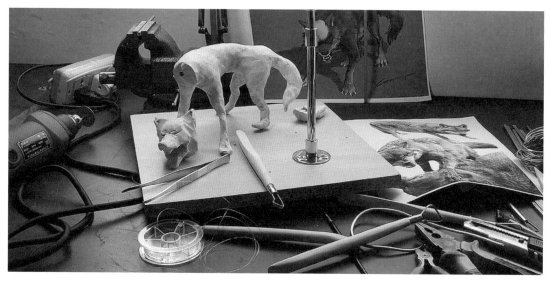

图6-3 泥塑制作

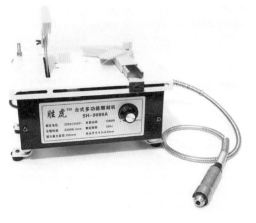

图6-4 石雕锯

图6-5 石雕锤

石雕常用石材

　　石雕常用的石材有花岗石、大理石、青石、砂石等。石材质地坚硬，耐风化，是大型纪念性雕塑的主要材料。

　　③石雕凿。石雕凿为钢质杆形的石雕工具，下端为楔形或锥形，端末有刃口，用锤敲击上端使下端刃部受力（图6-6）。

　　④锉刀。分为粗锉刀和细锉刀，根据需要选择（图6-7）。

　　⑤其他。由于石雕不同于其他雕塑类型，雕刻时要穿上防护衣，戴上防护眼镜、耳塞、防尘口罩和手套等辅助品。

　　2.方法

　　因为石雕的制作技术要求比较高，在石雕的制作中通常先要做一个泥样稿，在泥稿上反复修改直到满意后翻制出石膏模型，然后在雕塑石膏模型上画出一些参照线，比如画出十字中心轴线并延伸到各面，再在模型所有关键的转折点上作出标记并连接形成参照线。在石膏模型的参照线画完后开始选料。

　　①选荒料。从采石场挑选一块具有一定规格尺寸的石料，在选料时一定要按石膏像的大小找一块较大的石料，石块选好后，先要找出石块大致的中轴，画出十字中心轴并延伸到各面，确定作品的底面，把底部打成平面，使石块能够竖起。再根据石膏像确定作品的前后面，然后将它运到石雕雕刻的工作台上。

　　②剥荒。将第一步所选荒料进行剥荒，让石材呈现出石雕的基本形状。凿

图6-6　石雕凿

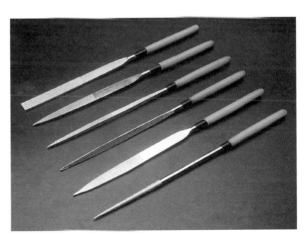

图6-7　锉刀

出大体的粗坯，分别根据石膏像的正面、侧面的参照线在石块上用粉笔画出形状，边画边比较边打制，一步一步地由粗到细地进行。要注意的是石材只能去不能加，要越做越小心。将石头翻动的时候，要在较软的土地上用方木将石头架起。如果使用电动工具就要简单得多，开始剥荒的时候就可以用电锯在石头上锯出许多纵向的锯沟，对于石头的粗糙面可以直接用电磨磨平，并用不同的大小磨头进行细节的处理，直至完成（图6-8）。

③定型。剥荒后期对石雕形状进行处理，让其呈现出石雕的基本轮廓。

④做细。完成石雕的细节处理部分。

⑤打磨。对石雕进行磨光、上色等处理。在石雕的打制过程中，可以局部保留石材原有的开采痕迹以形成对比，也可以用手工打制的凿痕、毛点与机器切片、磨头形成的肌理相结合。同时对于颜色较深的石材，不同的肌理和打磨程度会产生不同的深浅颜色和光泽。例如黑色的石头凿痕是白色的，磨痕是灰色的，抛光是黑色光亮的（图6-9）。

⑥包装。对已完成的石雕进行包装打木架准备运输。

图6-8 剥荒

图6-9 打磨

大型石雕的黏结方法

①黏结旧法有：焊药黏结、补石配药、黄蜡黏结剂。

②黏结新法有：水泥砂浆黏结、环氧树脂黏结剂。

采用以上两种方法黏结的石雕非常牢固，不用考虑是否会出现松脱和掉落，外观更是毫无瑕疵，会节省大量的石料和加工费。

小贴士

三、木雕

木雕最主要的工具都集中在雕刻刀上。雕刻刀的种类有很多，主要分为两大类：一类为"翁管形"坯刀，也称"毛坯刀"；另一类是"钻条形"修光刀，主要用于掘细坯和修光（图6-10）。

图 6-10　木雕工具

1. 工具

①圆刀。圆刀刃口呈圆弧形，多用于圆形和圆凹痕处，如花叶、花瓣及花枝干的圆面都需用圆刀进行处理（图6-11）。

②平刀。平刀刃口呈平直状，主要用于处理木料表面的凹凸不平之处，使其平滑无痕（图6-12）。

③玉婉刀。玉婉刀也称"和尚头""蝴蝶凿"，刃口呈圆弧形，是一种介于圆刀

与平刀之间的修光用刀（图6-13）。

④斜刀。斜刀刀口呈45°左右的斜角，主要用于作品的关节角落和镂空狭缝处作剔角修光，如刻人物眼角处需要用斜刀（图6-14）。

⑤三角刀。三角刀刃口呈三角形，锋面在左右两侧，锋利点就集中在中角上。因此用力推压越重，三角刀刻出的线条就越粗，反之就细。三角刀主要用于刻毛发、装饰线纹，操作时三角刀尖

图 6-11　圆刀

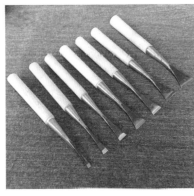

图 6-12　平刀

图 6-13　玉婉刀

在木板推进，木屑从三角槽内吐出，三角刀尖推过的部位便刻画出线条来（图6-15）。

⑥其他。其他辅助工具主要有敲锤、木锉、斧子、锯子，现代木雕的辅助工具还包括小型电动木工抛光机和电动手枪钻（图6-16）。

2.方法

（1）木材的干燥处理。

①人工干燥。将木材密封在蒸汽干

图6-14　斜刀

图6-15　三角刀

图6-16　锯子

木材的选择

木头有的松软，有的粗硬，一般木头松软的易雕，粗硬沉重的难雕。木质坚韧、纹理细密、色泽光亮的称为硬木，如红木、黄杨木、花梨木、扁桃木、椰木等。硬木具有雕刻的全部优点，是雕刻的上等材料。它适合雕刻结构复杂的、造型细密的作品，而且在制作和保存时不易断裂受损，具有很高的收藏价值。但是，硬木雕刻起来比较费工夫，容易损伤刀具。

比较疏松的木质适合初学者用，如椴木、银杏木、樟木、松木等。这类木材适合雕刻造型结构简单、形象比较概括的作品，雕凿起来也比较容易，但因其木质软、色泽弱，有的需要着色处理，以加强量感。有些木纹比较明显而且变化多端，如水曲柳、松木、冷杉木，就可以巧用木纹的流畅性、木纹的肌理，制作一些较抒情的作品。一般说来，造型起伏越大，木纹的变化越丰富，也就越有韵味；造型的形状动态越婉转、流畅，木纹的效果也就越理想，也就富有装饰性。当然，这种木材的造型设计应以高度概括为主，过于复杂和过小的体积，不仅会破坏木纹，还会造成视觉上的反差。所以在创作一件作品之前，首先要对木材有所认识，选择合适的表现材料十分重要。

燥室内，借蒸汽促进水分蒸发，使木材干燥。根据木材的大小、厚薄设置烘干的时间，如4厘米板材烘干时间一般需要一个星期。人工干燥最高可使木材含水量达3%。但经过高温蒸发后的木质发脆，失去韧性，容易受到损坏，因而不利于雕刻。通常原木干燥的程度应保持在含水量30%左右。

②自然干燥。将木材分类放置于通风处，搁置成垛，垛底离地60厘米左右，中间留有空隙，使空气流通，带走水分，木材逐渐干燥。自然干燥一般要经过数年或数月才能达到一定的干燥要求。

③简易人工干燥。一是用火烤干木料内部水分，二是用水煮去木料中的树脂成分，然后放在空气中干燥或烘干。这两种方法能使干燥时间缩短，但浸水后的木材容易变色，有损木质。

（2）雕刻技法。

雕刻技法是木雕工艺品创作中作者对于形象和空间的处理手法（图6-17）。这种手法主要体现在削减意义上的雕与刻，确切地说，就是由外向内，一步步通过减去废料，循序渐进地将形体挖掘显现

出来。在一次次的减法造型中，我们不仅能体会到作品"破壳而出"的快感，还会因木质的特性或处理不当而感到惊心动魄，同时还能感受到各种刀法运用过程中产生的特殊韵味，有些偶然的效果能使作品产生新的意韵。因此，木雕艺术创作是心理多变且复杂有意义的过程。优美的刀法的形成是技术纯熟的表现（图6-18）。创作者只有掌握技巧并不断地积累经验，才能达到理想的、真正属于自己的刀法。木纹与雕痕、光滑与粗糙、凹面与凸面、圆刀排列、平刀切削等所表现的艺术语言，其魅力是其他材质的雕塑无法达到的。

①初步构思。通常要画创意稿，再用墨线勾画放大到木材上（图6-19）。

②制造粗坯。粗坯是整个作品的基础，它以简练的几何形体概括全部构思的造型，要求做到有层次、有动势、比例协调、重心稳定、整体感强，初步形成作品的外轮廓与内轮廓。凿粗坯可从上到下、从前到后、由表及里、由浅入深，层层推进。凿粗坯时还应留有余地，如同裁剪衣服，要适当放宽。凿细坯先从整体着眼，调整

137

图6-17 雕刻技法

图6-18 优美的刀法

图 6-19　墨线勾画

图 6-20　修光

比例和各种布局，然后将具体形态逐步落实并成形，要为修光留有余地。在此阶段，作品的体积和线条已趋明朗，因此要求刀法圆熟流畅，要有充分的表现力。

③修光。运用精雕细刻及薄刀法修去细坯中的刀痕凿垢，使作品表面细致完美。修光过程要求刀迹清楚细密，或圆滑、或板直、或粗犷，力求把作品意图准确地表现出来（图 6-20）。

④打磨。根据作品需要，将木雕用粗细不同的木工砂纸搓磨。要求先用粗砂纸，后用细砂纸，顺着木的纤维方向打磨，直至达到理想效果。

⑤着色上光。着色上光的工具为一枝硬毛刷、一枝小硬毛笔、一只调色缸。着色的颜料一般是水溶性的，如水粉、水彩和皮鞋油。它们的特点是覆盖性小，有较强的渗透性。木雕着色的方法主要应掌握木质和花纹在颜料的覆盖下还依然可见的尺度，有些木纹通过着色更加清晰。所以在调配颜色时不宜过厚，颜料与水的比例是 30:1，要适当地稀薄，呈透明状。这样即使多上几遍色，也不会覆盖木质。上色的刷笔含水量不宜过多，不要急于求成，否则有些深凹处积淀颜色易产生不均匀的

效果。着色不仅是为了弥补某些木质的不足或缺陷，还能起到丰富材料质感美和作品形式美的作用。因此在作品上色时要酌情而定，要求尽量体现出作品内容形式的需求，并符合天然木质的美感。

木雕上色后不要马上擦光，一定要等颜料干后（约 12 小时），用一块干净的布反复擦拭直至产生均匀的光泽，达到手感光滑的效果。有的作品可以视情况擦漏一些，使木的底色稍有显露，形成丰富的色彩感觉，同时也强化了作品的层次感。

四、玉雕

古代玉雕用的是各种手动的砣、碾、锯，现代的雕刻机械设备原理与古代工具相似，主要区别在于工效方面。

1. 工具

①扎眼。扎眼又叫钉子，这是雕刻玉石中常用的工具，一般用来去除多余部分以及根角部位，利用顶部的圆形平面将玉料打磨平整等，常用来出坯，配合高速玉雕机和吊机使用。根据口的厚度及所用金刚砂的粗细分为两种方式：口厚的是厚扎眼；口薄的是薄扎眼（图 6-21）。

②圆球。圆球又叫球形，可以用来

图 6-21 扎眼

图 6-22 圆球

掏膛，或者做出起伏的线条，适合电子机、锣机吊机、高速玉雕机等各种玉雕机使用（图6-22）。

③平棒。平棒也叫杠棒，适用于打眼磨平。口径较大的杠棒主要以磨平为主，而口径小的杠棒除了具有磨平功能以外还多用于打孔。平棒分为两种：一种为普通平棒，一种为加长平棒（图6-23）。

④尖针。尖针也叫尖棒、尖杠棒，主要用于处理一些细小的部位，如挑清根脚部位，另外也用作刻字，适合高速玉雕机、苏州机、横机等各种玉雕机使用（图6-24）。

⑤喇叭棒。喇叭棒又叫喇叭，主要用于雕刻斜切面，视角度大小选用平口、快口，适合高速玉雕机和吊机等使用（图6-25）。

⑥蛋形。蛋形又叫鹅蛋、圆头枣核，主要用于磨具、玻璃、翡翠等行业的雕刻和加工，适合高速玉雕机和吊机使用（图6-26）。

⑦沙钻。沙钻也叫套筒、吸眼、旋眼。沙钻分为两种，一种开口，一种不开口，雕刻玉石用来做动物眼睛（图6-27）。

⑧压坨。压坨也叫压轮，用于玉石、磨具、玻璃、翡翠等行业的雕刻和加工，适合高速玉雕机和吊机使用（图6-28）。

⑨钩坨。钩坨又叫小斩坨，以勾勒阴线为主，也可用于顶平、切出斜面等，适合高速玉雕机、苏州横机使用（图6-29）。

图 6-23 平棒

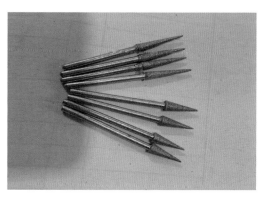

图 6-24 尖针

图 6-25　喇叭棒

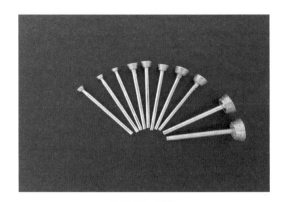

图 6-28　压坨

图 6-26　蛋形

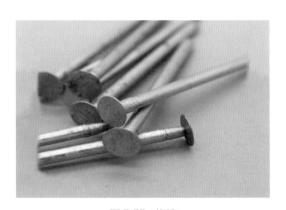

图 6-29　钩坨

图 6-27　沙钻

图 6-30　掏坨

⑩掏坨。掏坨又叫蘑菇掏坨、扁掏坨，掏坨用于玉盆、玉壶等各种玉件的内部掏空（图6-30）。

⑪现代工具。现代玉器雕琢基本都使用机械设备，其原理同古代工具相似，只是从足踏转动或手扭转动变成电动，琢磨工具的材料也由钢铁取代木头、骨头等，由人造金刚石取代解玉砂。现代工具有圆盘锯、带锯、线锯、磨机、抛光机、钻孔机等。

2. 方法

琢玉的主要设备为琢玉机，其次有开料、打孔、抛光等设备。琢玉机，或称雕刻机，主要由机身、传动和轴组成，还有照明、吊秤、供水、砂圈、挡板等辅助设备。蛇皮钻是另一类型的磨玉机器。开料设备有丝锯床、无齿锯床、半自动落式开料机、托盘开料机、钻石铊料机等，用于切开石料。打孔设备有手拉空心钻杆，现在已多被机械打眼所代替。最新式的用超音波机床等专用设备打孔，不但提高了效率，而且可以打道形眼孔。抛光设备主要有抛光机，其造型与磨玉机相同，两者之间的区别是抛光机增加了吸尘装置，其他抛光设备有滚光桶和振动抛光机等。玉器抛光后的清洗和过油过蜡，用超音波清洗器和烘箱。

①选料、挖脏去绺。选料是第一道工序，目的是合理选用玉石原料，以达到物尽其美，大多数情况下是根据玉料来设计。玉石品种多，变化大，首先必须判断玉石的种类及其质量。这主要根据质地、颜色、光泽、透明度、硬度、块度、形状等指标来判断，从而确定制作什么产品，力求优材优用。必要时，还要进行去皮、去脏、切开等审查工艺，把玉料吃透，避免或减少玉料的缺点。选料是非常重要的步骤，富有经验的艺人凭着一双慧眼，便能认清

玉石的本质，选用精确，巧妙用料，使产品效果突出，引人入胜。经过河水磨蚀过的砾石玉料，往往表面都有一层氧化层，此外纹理如何延伸，创作者在雕琢前需要有所了解，这样才可以做好玉雕设计。当然玉石好的表皮不能随意剥去，有时可以利用玉石表面不同的颜色进行设计，雕琢好了可成为玉器的俏色，提高玉器的价值（图6-31、图6-32）。

②造型设计。玉器产品不是定型产品，每件都有变化，设计工作要贯穿玉器制作的始终。首先，造型设计要根据玉料特点设计造型，使造型舒适、流畅、受人喜爱，为此，必须将原材料的特点与造型美相结合，突出玉料的不同特点，如质地、光泽、颜色、透明度等。质地美，发挥玉的温润特性；颜色美，适于表现亮丽题材。其次，造型设计还要从玉材特性出发，保证工艺技术可以制作，如脆性大的玉料不可太玲珑剔透；韧性大的玉料可作细工工艺。再次，造型设计的标准有四个：一是用料干净；二是用料合理；三是量料施工；四是造型美，形象逼真、美丽、生动，情趣、主题突出。最后，设计考虑周密后，创作

141

玉雕的品种很多，主要有人物、器具、鸟兽、花卉等大件作品，也有别针、戒指、印章、饰物等小件作品。

图6-31　和田玉原石

图6-32　鸡血石原石

图 6-33　玉雕挂件

图 6-35　琢玉

图 6-34　玉雕摆件

图 6-36　清洗

者要在玉料上绘出图形，有粗绘、细绘两道工序（图 6-33、图 6-34）。

③琢玉。设计完成之后，制作者利用磨玉机和工具、磨粉等，按设计意图加工成产品。琢就是利用铡铊、錾铊等，将造型中的余料切除，其手法有铡、摽、抠、划等。磨就是利用冲铊和磨铊等，将造型中的余料研磨掉，有冲和轧两种。在基本造型完成后，制作者还要进行勾、撤、掖、顶撞等工艺，此外，还有叠挖、翻卷等工艺。打孔、镂空、活环琏等工艺一般是与琢磨过程一起进行的（图 6-35）。

④抛光。抛光是把玉器表面磨细，使之光滑明亮，具有美感。抛光首先是去粗磨细，即用抛光工具除去表面的糙面，把表面磨得很细；其次是罩亮，即用抛光粉磨亮；再次是清洗，即用溶液把产品上的污垢清洗掉（图 6-36）；最后是过油、上蜡，以增加产品的亮度和光洁度。总之，一件玉器的制成，从选料开始，到装进匣才算全部完成，凝结着琢玉艺人的心血。所以，一件玉器不仅玉料宝贵，其琢磨之功更是难能可贵。

五、铜雕

铜雕主要为机器浇铸，运用的手工工具较少。此外，铜的材质不同，性能也不同。

玉雕大师王朝阳

　　王朝阳出身于美术世家，自幼酷爱绘画。在父亲的栽培下，王朝阳不到 20 岁就步入玉雕界，曾先后师从国家级工艺美术大师吕昆、宋世义。接触到各种各样的美玉之后，王朝阳很快就被翡翠的独特魅力深深吸引。对美的独特见解使王朝阳坚信每一块翡翠原石都蕴藏着一个美的精灵，只是雕刻师有时缺乏发现美的眼力和塑造美的能力。秉承着这一理念，他在 1998 年以一件惊艳的作品证明了自己的艺术哲学，更迎来了艺术之旅上的重要拐点（图 6-37）。

图 6-37　王朝阳作品《红色经典系列·红宝书》

　　一日，王朝阳花了 300 元买回一件玉石毛料，除边缘的一点红色以外，看上去跟普通的石头没有任何两样。这块不起眼的顽石，在王朝阳的构思、设计、勾绘、粗琢、细磨、抛光后变成了一尊长眉罗汉。黄色的石料成了身上的袈裟，白色的内里被用来表现罗汉的面部与四肢，而那一点红色则巧妙地化作了罗汉胸前的佛珠！接着，王朝阳又用不到 5000 元钱买了几块类似的"废料"，精雕细琢出一套完整的十八罗汉，俏色巧雕，神态各异。这件作品一经完成便迅速在全国玉石圈内引起空前反响，并很快被藏家以 18 万高价收购。王朝阳也由此一战成名，成为全国首屈一指的"变废为宝"的玉雕大师。王朝阳至今雕刻有上千件作品，主要分三个系列：红色经典系列、民族文化系列和人与自然系列。最让王朝阳骄傲的是红色经典系列，这个系列有 3 个作品：一顶八角军帽，一双草鞋和一本书。从构思到完成，这个系列的作品花了近 2 年的时间。由于打破了传统的雕刻创意和手法，这个系列的作品获得了"天工奖"的"最佳创意奖"。

小　贴　士

图 6-38　紫铜

图 6-39　黄铜

1. 材料和工具

①紫铜。紫铜也就是纯铜，国家标准（96#）。紫铜塑性极好，宜锻打，如不加入其他金属则不宜铸造（图6-38）。

②黄铜。黄铜的主要成分为铜、锌，极少量铝、锡，国家标准（62#、63#）。黄铜有良好的铸造加工性能和抗腐蚀性，适宜精铸，着色稳定（图6-39）。

③青铜。青铜的主要成分为铜、锡，极少量铝、锌，国家标准（38#）。青铜有良好的铸造加工性能，较强的防酸、防碱、防盐性能，抗腐蚀性好，适宜精铸，着色稳定（图6-40、图6-41）。

④铸铜加热器。铸铜加热器是以管状电热元件为发热体，并弯曲成型，进入模具，以优质金属合金材料为外壳，以离心式浇铸成各种形状，有圆型、平板型、直角型、风冷、水冷及其他异型等。经精加工后铸铜加热器能与被加热体紧密贴合。金属铸造加热器是一种高效热分布均匀的加热器，材质为热导性极佳的金属合金，以确保热面温度均匀，消除了设备的热点及冷点。金属铸造加热器具有寿命长、保温性能好、机械性能强、耐腐蚀、抗磁场等优点。

2. 方法

在铸造前，放置铸铜雕塑的房屋必须保持干燥，没有尘埃和空气污染物。温度为 18 ℃ ~ 24 ℃，相对湿度为 40% ~ 50%。房屋内必须预防某些材质接触铸铜雕塑产生的有害化学成分，如酸类、油脂、氯化物等。搬动铜雕一定要戴上棉丝手套，不可用手直接接触，以避免铜雕被手上的汗液腐蚀，也不可用带油污的纸或盒子来包装。铸铜雕塑上的尘埃，要用干净而柔

图 6-40　铝青铜

图 6-41　锡青铜

软的布片揩去，而那些需要特别小心的部位，要用柔软的毛刷刷去或用吸尘器吸走或是吹去尘埃。

制作铸铜雕塑常用的方法是模具法。制作铸铜雕塑可以采用分解浇铸的方法，然后衔接成一个整体，根据设计的雕塑图案及泥塑模型来铸模，模具制成之后就可以进行雕塑了。还有的方法就是小型雕塑可采用精铸的工艺。大型雕塑可进行分片制作，制作完成之后再将分片进行整体的衔接，最后再对铜片表面进行着色处理。

保养铜雕的 4 种方法

小 / 贴 / 士

1. 氧化银法

用氧化银与氧化亚铜接触，封闭氯化亚铜的暴露面，达到控制腐蚀铜雕的目的。

2. 苯骈三氮唑法

苯骈三氮唑是杂环化合物，与铜及其盐类能形成稳定络合物，在铜合金表面生成不溶性且相当牢固的透明保护膜，使铜雕表面被抑制并稳定下来，防止水蒸气和空气污染物的侵蚀。

3. 碱液浸泡法

将被腐蚀的铜雕置于碳酸钠溶液中浸泡，使铜的氯化物逐渐转换为稳定的铜的碳酸盐，铜雕的氯离子被置换出来转入浸液中。浸液需定时更换，直至浸液中无氯离子出现为止。随后将器物用蒸馏水反复清洗，除去碱液，干燥后封护。碱溶液仅把氯化物提取出来，保留着色彩斑斓的孔雀石等腐蚀层，不损害铜雕的原貌。

4. 椰子油和蒸馏水结合方法

首先要将少量的椰子油倒在干净的软布上，轻轻擦拭，这样有助于铜雕自身的保养。定期用软布沾上蒸馏水擦拭铜雕，同时也可以在蒸馏水中加入一些温和的肥皂水清洗污垢，对于一些无法擦到的角落则可以使用软毛刷进行处理。

六、石膏雕塑

1. 工具

石膏雕塑的制作较为简洁，应用的工具也比较简单（图 6-42）。

①拌浆碗，用于搅拌石膏粉。

②夹子，用于固定模具。

③模具，用于浇注石膏像。

④雕刻刀，用于细部的雕刻。

图 6-42 各类石膏雕塑工具

图 6-43 配制石膏浆

2. 方法

①设计模型。自己设计一件艺术品或者日常用品的研究型模型，根据情况确定尺寸图及手绘图。

②制作模框。根据设计模型的大小制作模框，将模具对口拼齐后用夹子夹好，然后检查对口是否对齐。

③配制石膏浆。在碗中加入半碗清水，再加入适量石膏粉，然后搅匀，使之没有气泡。如果石膏粉固化比较快，水的比例适当增加；如石膏粉固化时间较慢，水的比例适当减小（图 6-43）。

④浇注成型。将搅拌好的石膏浆倒入模具中，快速转动模具，使石膏浆均匀粘满模具，并将模具放置于平地或挂起来以防模具变形。如石膏浆在模具内未凝固时可以转动模具；如石膏浆在模具内初凝固时，则不能转动模具，否则倒出来的石膏像会产生裂纹。待第一层干后，按照上述方法重复两到三遍，应在上一层石膏干后方可进行下一步操作。

⑤封底。先找一块泡沫垫，再将调好的石膏浆倒入石膏像产品中，然后晃动石膏像将泡沫垫盖在石膏像底部，再将石膏像正立，来回晃动石膏像，让石膏像里面的石膏浆填满石膏像底部，最后将石膏像放在平整的地方，将石膏像底部多余的石膏修除。

⑥脱模。待石膏凝固后，将石膏像放于平地，先将夹子拿掉，然后两手从底部开始慢慢剥去模具，再将底部的泡沫板拿掉，将底部多余的石膏用小刀修除。

⑦雕刻。根据设计出的模型雕刻"大型"。使用废弃钢锯片磨制刻刀。进行细部刻画，打磨上色，形成整体模型（图6-44、图6-45）。

⑧模具保养。每次使用完后，将模具洗干净，待干后，放置于阴凉干燥处，切忌暴晒。

注意制作石膏模型时首先要掌握水和石膏粉的调配比例为 1:1。应先加入水再放入石膏粉，在搅拌过程中要慢慢赶

图 6-44 雕刻"大型"

图 6-45 打磨上色

出气泡，并把大的石膏块捏碎，将均匀搅拌的石膏浆倒入预先准备的挡板里，待一段时间后即可取出模型。模型的细节不要太复杂，凹坑、凸起少，这样就便于雕刻打磨。模型最好是棱角分明，这样在制作模型时就会少一些繁琐的步骤，就更容易打磨。在石膏刚好凝固，其中的水分未完全挥发，还比较柔软时进行雕刻。

此外，在刻画时执刀要垂直，行走放慢，用力要小，注意线条流畅。铲的时候，平口刀要放平些，且一层一层铲，深浅均匀，不能停留在某一局部铲，否则会使底面高低不平。雕刻的时候是在平整的底板上雕出自然肌理纹样，雕刻时用刀力度均匀，动作要流畅。

石膏像摔坏了如何修补

小/贴/士

①使用强力胶胶水黏合，快速、无痕迹，适合黏补小块的石膏，如果是大的石膏像会需要用很多胶水。

②使用普通强力胶修补，胶水价格低廉，但是缺点是颜色不统一，黏结时间会长一些。

③用石膏补，一定要浸透，这样才能保证石膏黏上的颜色统一。

④好的方法是用透明的强力胶水先大致固定，然后从石膏像的底座向内里糊石膏，这样也牢固，外表只有轻微的裂痕。

七、不锈钢雕塑

1. 工具

①电动雕刻笔。电动雕刻笔可以在量具、金属、玉器、玻璃、塑料、大理石、瓷器等材料表面上进行任意雕刻、打标或个性化签名。电动雕刻笔具有体积小、重量轻、刻写容易、速度快、便于携带、使用方便、标记永久保存等特点（图6-46）。

②电动雕刻机。电动雕刻机把需要

不锈钢雕塑具有不易生锈，易清洁，抗风能力强，经久耐用的特点。

雕刻的图案在设计软件里完成设计，输出路径文件，再把路径文件导入雕刻机控制软件，然后控制雕刻机雕刻板材（图6-47）。

2.方法

对于金属类的雕塑来讲，铸造和冷作是最常用到的两种方式。

①制作泥塑小稿。

②将小稿等比例放大。

③将泥稿翻制成硬材料模具。

④依模型锻造成不锈钢雕塑。

⑤对雕塑进行多次打磨。

⑥雕塑表面喷氟碳漆。

⑦安装方法一般为焊接，较牢固，即雕塑本身的骨架与基座上的预埋铁焊接，预埋铁下面焊接钢筋，根据雕塑的尺寸来确定钢筋的长度以及预埋铁的大小。为了美观，通常情况下，雕塑安装完毕后，基座会粘贴大理石或者花岗岩板材。

图6-46 电动雕刻笔

图6-47 电动雕刻机

玻璃钢雕塑和不锈钢雕塑的区别

小/贴/士

玻璃钢，比玻璃结实，比钢的硬度弱。玻璃钢是环氧树脂与无纺布的结合物。玻璃钢防水耐腐，但是不耐高温，多用于黏结成型的物品，如公园用的座椅、公共汽车上的座椅等。玻璃钢的缺点是强度较差，不可降解，不可回用。玻璃钢雕塑产品适合放置在室内，它容易塑形，轻便易挪动，所以玻璃钢材质是室内雕塑产品的首选材料。

不锈钢，属于金属材料，可用于任何防水、耐腐、较高温度的场合，适于民用、工业用、军用等。日常生活中常见的不锈钢锅就是最好的代表。不锈钢雕塑产品适用于室外，所以一些大型的室外环境雕塑都是不锈钢材质（图6-48）。

图 6-48 不锈钢雕塑

八、测量工具

1. 弓把

弓把为塑用卡钳，可测量距离，有两个可开合的象牙形卡脚，也可随时改变卡脚的弯度。

2. 比例弓把

比例弓把是雕塑放大用的度量工具。

3. 点型仪

点型仪为三坐标定位仪，用于复制石雕与木雕。在石膏像上找出 3 个基准点，

如何做好雕塑

小/贴/士

雕塑造型是基础，打好素描基本功是关键。当然这并非绝对，关键在于如何运用素描造型手段灵活处理雕塑的造型。例如素描与雕塑都有虚实和透视关系，但处理的方法和手段截然不同。但有了很好的雕塑造型并不等于就能做好雕塑，因为艺术要有品位，这就涉及文化底蕴，要求雕塑工作者博览群书。

做好雕塑还要求我们多看、多做、多反思，看看大家、名家及他人的好作品，从中领悟他们的创作经验和表现手段。但我们不能剽窃他人作品，临摹不是描摹，效仿不是剽窃。做雕塑就像书法一样，先临帖而后脱帖。只有长期不断地实践，不断地总结，不断地反思，从量变到质变，我们才能不断超越自我。

用点型仪上的定位钢针对准并固定，利用点型仪上可滑动的部件和万向关节及指针，可对准雕像上任何一个空间位置，把可移动的部件锁定。把点型仪挪到石块或木料上，钢针对准相应的基准点，指针能把石膏像上的点标于石头或木块上，从而准确地复制成石雕和木雕。

第二节
考察准备阶段

一、考察自然环境

自然环境的分析包括对环境的地形、水文、气候、景观的分析。考察的目的是指要让创作出来的雕塑切合安放的环境。搭配环境是设计雕塑最重要的一个因素，这需要考虑到附近的建筑物等参照物。如果四周地带都很开阔，雕塑设计就不能太秀气，应该设计成符合周围环境的尺寸来体现大气的感觉。如果是组雕、群雕，还应考虑雕塑安放的疏密程度。如果是在大门入口等处，那就应该让雕塑产生威严的

感觉。此外，从材料的方面考虑，如果雕塑处在海边，雕塑材料应尽量选用耐腐蚀的非金属材料，以防止表面过早氧化。如果雕塑处在地震带上，就要考虑防震等。总之，雕塑的设计应根据具体的环境灵活运用（图 6-49、图 6-50）。

二、考察人文环境

雕塑自从走向室外，成为公共环境的一部分，公共性与开放性就成为其基本的特点。雕塑与环境中各要素的关系和融合程度是雕塑优秀与否的关键。无论从雕塑的题材还是表现形式来看，雕塑都应该与人文环境达到和谐共融。如何协调雕塑和人文环境之间的关系，是在设计之初需要重点考察的问题。

公共环境的构成复杂多样，不同的地点、类型、风貌和主要社会功用对雕塑的影响和要求也不一样。首先，雕塑在环境中的位置很重要，不同时代和地域的人们在各自的历史文化发展中形成了不同的审美观，因此雕塑应满足不同的审美需求。雕塑作为环境特色的承载物，其设计应把

图 6-49 河边的石雕

图 6-50 海边的钢板雕塑

握环境的整体美，升华艺术价值和历史文化价值，突出地域个性，注重民族特色及区域形式，不但要提高人们所居住环境的艺术质量，而且应反映居民的文化特色和文化品位（图6-51、图6-52）。

三、分析区域功能

在不同的环境下，雕塑作用和属性是不同的，我们要在不同功能的环境分区设计不同的雕塑内容和形式。

1. 广场环境

广场环境雕塑是以立体的体量占有空间的，且相对尺度较高，其自身的体量形状占有空间，而空间反过来也影响着广场环境雕塑的形体。广场环境雕塑具有一定的地域特征，它代表了一定的城市文明、环境特色。所以在规划、制造广场环境雕塑时要考虑与周围建筑物的联系、与周围色彩和光线的联系、与城市文明及城市地貌的联系等。

随着社会科技的发展，雕塑所运用的材料也日益增多，如不锈钢、玻璃钢、石材、铜、铁等，不一样的材料呈现不一样的质感和触感，发挥不一样的审美作用。新型材料使现代雕塑的表现形式和开展空间更

加开阔。广场环境雕塑在挑选材料时应依据环境、体裁等来决定，尽量运用耐久性好的野外材料，不要因为疏忽材料的特色而最终使雕塑与环境、体裁等不协调。

广场环境雕塑按形状可分为浮雕和圆雕，按功能可分为主题性广场环境雕塑与装饰性广场环境雕塑。广场环境雕塑按表现手法与个性可分为具象雕塑与笼统雕塑。所以，在规划广场环境雕塑时，需要思考究竟怎样使雕塑与整个广场环境融合（图6-53）。

2. 商业街环境

设计师在设计商业街环境雕塑的时候，并不仅仅关注"美"，还需要分析业态、商业流线、空间尺度等，但所有的目的都是提高人气，吸引购物者。近些年卡通人物雕塑悄无声息地走进了商业街环境中，巨型的卡通小品醒目有趣，既能吸引眼球，又能活跃商业街的氛围（图6-54）。

3. 交通枢纽环境

城市中的交通枢纽能扩大雕塑作品的影响。但由于人们不能较长时间停留，交通枢纽并不是布置雕塑作品最理想的地

图6-51　纪念性雕塑

图6-52　宗教类雕塑

图 6-53　广场环境雕塑

图 6-54　商业街环境雕塑

商业街环境雕塑产生的原因

　　商业街就是由众多商店、餐饮店、服务店共同组成，按一定结构比例规律排列的商业繁华街道，是城市商业的缩影和精华，是一种多功能、多业种、多业态的商业集合体。商业街除了琳琅满目的商品，更为引人注目的是一款款风格迥异的商业街环境雕塑，其中有中西方风格的人物雕塑、源于生活的小品雕塑、逼真生动的动物雕塑等，为匆忙的人们提供驻足欣赏的空间。

　　商业街这一概念没有形成之时，根本没有商业街环境雕塑的存在。随着社会艺术事业的发展，慢慢出现一大批对雕塑艺术的执着追求者，有一批优秀的雕塑家加入其中，兴起了商业街环境雕塑。如今雕塑艺术占据了中国相当大的市场，外国雕塑界对中国雕塑艺术的发展也起着举足轻重的作用，刺激中国雕塑艺术跟上全球雕塑艺术的发展脚步。一系列的雕塑学校、中央美术学院雕塑系、国美雕塑系、鲁美雕塑系等一系列的雕塑创作中心不断涌现，也提高了社会上大部分人对雕塑的认识。一些公共场所也开始采购少量的雕塑作品。雕塑作品给这些公共场所带来了客户流量是毋庸置疑的。

方，因为此处人流汇集和流动较大。半封闭的通道空间决定了交通枢纽环境雕塑不能像广场环境雕塑那样形成较大的体量。但是，在这种相对受到限制的空间中，这些雕塑作品仍产生了令人称赞的艺术效

果。例如地铁雕塑也承担着美化装饰、宣传等公共职能，由于其处在交通枢纽的特殊位置，更需用心设计，在有限的空间环境中，设计出让公众喜欢的艺术作品，并非易事（图 6-55）。

4. 社区环境

社区环境雕塑主要是用于社区的修饰与美化。它的出现增添了社区的景观，丰富了社区居民的精神生活。作为社区的组成部分，社区环境雕塑一般建立在社区的公共场所，既可以单独存在，又可与建筑物结合在一起。社区环境雕塑的题材范围较广，一般与社区的设计理念以及其他的一些人文地理特征有关联。社区环境雕塑作品大多是装饰性的作品。这类作品并不刻意要求有特定的主题和内容，主要发挥装饰和美化环境的作用。装饰性的社区环境雕塑，题材内容较为广泛，风格可以轻松活泼，形式可以自由多样，尺度可大可小。社区环境雕塑大部分都从属于环境装饰，成为整体社区环境中的点缀和亮点（图

6-56）。

5. 园林环境

园林环境雕塑是环境装饰中的一个重要元素，是艺术造诣比较高的雕塑作品。因为园林环境雕塑在映衬园林环境的同时也要突显自己的主题性，因此应适合大众的审美。园林环境雕塑有各种风格、各种题材，这些雕塑有较强的叙事性，会营造一种故事画面。当然园林环境雕塑的大小尺寸还要根据其放置的环境来设计，大的恢弘，小的精致。在园林中设置雕塑，其主题和形象均应与环境相协调，雕塑与所在空间的大小、尺度要有恰当的比例，并需要考虑雕塑本身的朝向、色彩与背景的关系，才能使雕塑与园林环境互为衬托，相得益彰（图6-57、图6-58）。

153

图 6-55　交通枢纽环境雕塑

图 6-57　园林环境雕塑（一）

图 6-56　社区环境雕塑

图 6-58　园林环境雕塑（二）

第三节
构思讨论阶段

一、确定雕塑的位置与朝向

确定雕塑的位置与朝向对雕塑的形象表现具有特殊的重要性。雕塑一般都是为特定位置设计创作的，除非在特殊情况下才有迁移的可能。雕塑作品的位置选择是使作品与所在环境协调，使思想内涵和外在空间结构成为有机整体的有力手段，同时也是充分展示作品自身艺术感染力的一个重要环节。雕塑的位置选择首先取决于所在区域的总体规划，在综合考虑该区域的政治、经济、文化、历史、发展状况、自然景观和人文景观等条件后，发掘地区历史和现实中值得纪念的人物和事件，独有的人文特色和自然风貌，选择雕塑作品的位置，穿插安排大中型纪念性、主题性、装饰性等类型的雕塑作品，制定雕塑建设规划，

构成雕塑有层次的构架（图 6-59）。

二、确定雕塑的内容与主题

主题就是雕塑的整体设计思路，一般会根据该雕塑所要体现的作用来确定主题。如果设计师想要表现积极向上、继往开来的主题，那么可以选择不锈钢雕塑，因为这样的主题一般通过具体的实物雕塑不太好表现，抽象表达的创作方式更容易切合主题。若设计师为了体现某地的人文历史或者缅怀先烈，那么宜选用具象物体或人物来表现。不同的环境功能对雕塑的要求不大相同，作为环境的精神代表，雕塑的主题、内容不仅仅取决于环境的功能，还取决于是否能集中体现其功能文化内涵（图 6-60）。

三、确定雕塑的尺度

为确定雕塑在环境中的尺度，雕塑家除了去现场反复实地考察研究外，还可以采取一些可行的措施。一种是将设计稿

图 6-59　自由式雕塑位置

图 6-60　雕塑的主题

的照片放大到预定尺寸剪贴到板材上，安放在预定位置，从主要观看方面去审视它与环境背景的关系。但这不可能多角度、全方位地观察雕塑在环境空间中的立体感觉。另一种更为可靠的办法是用简易材料搭出大致形状的模型，可相当准确地从体量和轮廓两方面来研究雕塑和环境的尺度关系（图6-61）。

四、确定雕塑的材料与色彩

围绕环境的背景，确定雕塑的材料、色彩和质感表现。背景和雕塑之间需要一定的对比，在保持雕塑主题、风格和环境协调一致的基础上，可以尝试造型比较简洁、颜色比较鲜明的风格（图6-62）。

五、确定雕塑的表现手法与风格

雕塑从表现手法与风格上分类，通常有具象雕塑（写实雕塑）、抽象雕塑、装饰雕塑（风格雕塑）三类。这三类雕塑同具美学价值，乃是雕塑作品中采用的艺术形式，各自在不同依托的支点形成了自身的规律，共同丰富和完善了雕塑艺术本身。

具象雕塑是建立在严格的解剖学基础之上的。由于它能将对象的特征、动态、神采等细致真实地再现出来，故适宜于主题鲜明的现实性和情节性作品。纪念碑类雕塑及人物肖像等大多采用这种具象写实的手法。

装饰风格的雕塑是艺术家对客观对象的形态与本质的概括提炼，以变形、夸张、简练的手法塑造的作品。装饰风格的作品以突出"形式美"为准则，故成为雕塑家广泛采用的一种创作手段，并在现代雕塑中成为重要的潮流。

抽象雕塑则以表意、隐喻为创作语言，以点、线、面等基本造型元素表现时空的节奏韵律，直接体现事物的本质和内在结构。抽象雕塑突破了具象传统的表现方式，更能反映现代人急促不安的心态和现代社会变幻无常的节奏（图6-63、图6-64）。

155

图6-61　狭小环境中的雕塑

图6-62　不锈钢雕塑

图 6-63　园林中的传统雕塑

图 6-64　现代环境中的传统雕塑

第四节
多种方案表现阶段

雕塑家要把自己的想法完整、清晰地呈现给委托方和建筑规划等相关者，这是一个十分重要的过程，也是环境雕塑能否最终实现的关键。从概念性构思到环境具体表现，再到方案实施的各个过程，表现图、雕塑模型及环境沙盘都起着十分重要的作用。

一、简易草图表现

概念性草图是在雕塑设计前期阶段雕塑家想法的快速表现，基本以线为主，附以简单的颜色或加强轮廓，经常会加入一些说明性的语言，偶尔还会运用卡通式语言的草绘方式，多用于明确事物或人物之间的关系。最终的电脑效果图都是从最初构思的草图发展而来的，所以草图是基础（图 6-65、图 6-66）。

二、效果图

1. 手绘效果图

在日益发达的计算机效果图面前，手绘能够更直接地同设计师沟通。手绘效果图是通过针管笔、马克笔、水粉、水彩等手绘而成，将设计内容以较为接近真实的三维效果展现出来。艺术气氛比较浓厚，画面比较自由活泼、生动、富有感染力，但直观性不如电脑效果图强。

2. 电脑效果图

电脑效果图是一种新型的手绘方式，随着计算机技术的快速发展，许多电脑制图软件可以用于画图，如 3DMAX、Softimage、Maya、AutoCAD 等。电脑效果图的主要功能是将平面的图纸三维化、仿真化，通过高仿真的制作来检查设计方案的细微瑕疵或进行项目方案修改的推敲，让观赏者最直观地感受作品落成后与环境的关系，并能从多角度、多视点来观察雕塑，让人有身临其境的感觉（图 6-67）。

图 6-65　机器狗草图

图 6-66　机器人草图

图 6-68　机器人模型制作

图 6-67　机器人电脑效果图

图 6-69　机器狗模型制作

三、制作雕塑模型与沙盘

制作模型可以更直观地了解到雕塑的设计思想。雕塑模型在多个方面细腻、完整地表现了雕塑落成后的情景，例如造型、材质和色彩，能够便捷地检视雕塑成型后的效果，也是以后放大加工雕塑的基础（图 6-68、图 6-69）。沙盘具有立体感强、形象直观、制作简便、经济实用等特点，以微缩实体的方式来表示地形地貌特征，并在模型中体坝山体、水体、道路等物，主要表现的是地形数据，使人们能从微观的角度来了解宏观的事物。沙盘制作应尽量把雕塑位置和周围路网、街道、建筑、景观之间的关系表现透彻（图 6-70、图 6-71）。

图 6-70　沙盘制作

图 6-71　雕塑成型后的效果

第五节
放大制作和维护阶段

雕塑家和甲方共同确定了雕塑的方案后，就进入了实际加工制作的阶段。雕塑的尺度越大，雕塑采用的材料越新，工程的问题就越突出。雕塑家需要与结构工程师、技术人员等相关人员密切合作，及时修改雕塑因受结构、材料和加工等技术条件的制约而出现的问题。整个放大制作阶段雕塑家应十分小心谨慎，以免破坏雕塑。雕塑安装完成后，应注意雕塑周围的环境与雕塑互相映衬，灯光照明上应考虑到雕塑的特点。

此外，雕塑完成后，相关人员还应注意雕塑的维护问题。例如金属雕塑作品的损坏，一般是因为保养不当、金属腐蚀或人为破坏。保养不当导致的雕塑作品损坏，可以使用比较简单的金属刀具进行修补、打磨和补漆。在这个过程中，要注意不破坏原有雕塑作品的整体形象，只要进行小范围的维修就可以了。人为破坏导致的金属雕塑作品损坏，维修起来比较麻烦。如果雕塑作品折断、大块缺料，首先要与制作者取得联系，向制作者征求维修意见，以保证维修过程不改变艺术作品原有的风格。其次要调用电焊机、激光切割机和激光雕刻机，使用多种于段对作品进行修复。最后要对修复后的雕塑作品进行打磨、喷漆等后期防护处理。

第六节
案 例 分 析

一、《肉搏》雕塑

《肉搏》雕塑作品位于某个公园内，制作者考虑到雕塑长期经受风吹雨淋和日晒，所以选择水泥材料。水泥雕塑寿命极长，且耐腐蚀性、耐水性都很强，但这种材料较为笨重，精细程度也较低。不过在表现抗战题材时，水泥雕塑粗糙的表面及厚重的形体更能体现历史的沧桑感及朴实感（图6-72、图6-73）。

该雕塑作品为纪念型雕塑，主要内容为手持白刃的士兵与装备充足的敌人肉搏的场景。位于雕塑最高点的士兵手持白刃，愤怒地喊着口号，带领士兵们前进。而另一名士兵则挥刀斩向敌人，守护被破

图6-72 雕塑正面

图6-73 水泥材质

坏的家园。士兵们凌乱的衣服及散落的兵器，都反映出这场战争的激烈程度（图6-74、图6-75）。

同时雕塑的形象还包括战亡的士兵，他的战友抱着他满是伤痕的身躯，眼神悲痛又充满斗志，誓要为战友报仇。此外，躺在地上的敌人也为自己的恶行付出了代价（图6-76、图6-77）。

该雕塑作品的表情刻画极为生动，展现了士兵们悲痛愤怒的内心情感，也让我们仿佛看到了满目疮痍的战场（图6-78、图6-79）。

二、《腾飞》雕塑

《腾飞》雕塑作品位于某个大学校园内，由不锈钢材料制作而成。地面钢板在

图 6-74　手持白刃的士兵

图 6-77　躺在地上的敌人

图 6-75　《肉搏》

图 6-78　士兵的表情

图 6-76　战亡的士兵

图 6-79　满目疮痍的战场

此折起组成蓬勃向上的抽象雕塑，激励莘莘学子勇担工业报国的使命，传承科学创新精神，为中国工业的腾飞贡献自己的力量（图6-80、图6-81）。

该雕塑的底座象征工业文化长廊有终点，上升的折叠钢板象征着工业发展无止境（图6-82、图6-83）。

雕塑内部错落叠加的钢管类似于生物遗传的DNA抽象形态，丰富了雕塑的内涵，使该雕塑形象变得丰满立体（图6-84、图6-85）。

雕塑镂空的部分能让阳光洒进来，雕塑内部不会显得沉重压抑（图6-86、图6-87）。

图6-80 不锈钢材料

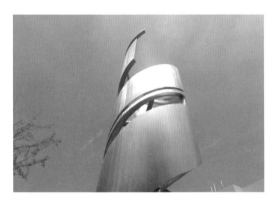

图6-83 上升的折叠钢板

图6-81 蓬勃向上的抽象雕塑

图6-84 内部错落叠加的钢管

图6-82 底座

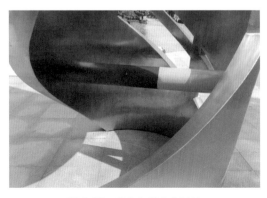

图6-85 黄色和蓝色的油漆

图 6-86 镂空的部分

图 6-87 阳光

161

思考与练习

1. 石雕主要有哪些石材？

2. 木雕有哪些工具？

3. 简述雕塑家需要具备的基本素质。

4. 雕塑设计的前期调研准备阶段，需要考虑哪些问题？

5. 简述雕塑设计的基本流程，查阅相关书籍，做简单补充。

6. 根据本文内容，尝试设计 1 件简单的雕塑，并谈谈其中的理念。

[1]　[美] 威廉·塔克 . 雕塑的语言 [M]. 北京：中国民族摄影艺术出版社，2017.

[2]　孙振华 . 中国古代雕塑史 [M]. 北京：中国青年出版社，2011.

[3]　[美] 罗莎琳·克劳斯 . 现代雕塑的变迁 [M]. 北京：中国民族摄影艺术出版社，2017.

[4]　徐华铛 . 木雕文人雅士百态 [M]. 北京：中国林业出版社，2009 .

[5]　何宝民 . 外国雕塑名作欣赏 [M]. 郑州：海燕出版社，2006.

[6]　杨智 . 中国玉雕 2：当代名家玉雕作品精选 [M]. 苏州：苏州大学出版社，2014.

[7]　唐国文 . 世界现代城市环境雕塑 [M]. 长沙：湖南美术出版社，2002.

[8]　刘骥林 . 雕塑建筑环境 [M]. 西安：陕西人民美术出版社，2008 .

[9]　闻明，彭萍萍 . 凝思不朽的丰碑——世界雕塑史 [M]. 北京：中国环境科学出版社，2006.

[10]　刘庆安，刘秀兰 . 雕塑与建筑和环境 [M]. 上海：同济大学出版社，2013.